云南省风能资源及其开发利用

朱 勇 王学锋
范立张 杨鹏武 杨晓鹏 黄 玮 编著

内容简介

本书总结了云南省风能资源及其开发利用的业务和科研成果，全面分析了云南省区域风速的分布特征、风能资源详查和评价、风电场风能资源的基本特征、山地风电场风能资源的数值模拟，并从风电场开发的角度介绍了云南省风电开发的情况、风能资源的表征方法、针对云南省山地风电场风能资源评估的技术方法以及风电功率预报方法。

本书可供希望了解和掌握云南省风能资源及其开发利用的相关管理人员、科技工作者阅读，也可为在云南省从事风电开发建设的工程管理人员、工程技术人员提供参考。

图书在版编目(CIP)数据

云南省风能资源及其开发利用/朱勇等编著.—北京：气象出版社，2013.6

ISBN 978-7-5029-5733-9

Ⅰ.①云… Ⅱ.①朱… Ⅲ.①风力能源-能源开发-研究-云南省 ②风力能源-能源利用-研究-云南省 Ⅳ.①TK81

中国版本图书馆 CIP 数据核字(2013)第 130346 号

出版发行：	气象出版社		
地　　址：	北京市海淀区中关村南大街 46 号	邮政编码：	100081
总 编 室：	010-68407112	发 行 部：	010-68409198
网　　址：	http://www.cmp.cma.gov.cn	E-mail：	qxcbs@cma.gov.cn
责任编辑：	陈　红	终　　审：	汪勤模
封面设计：	博雅思企划	责任技编：	吴庭芳
印　　刷：	北京天成印务有限责任公司		
开　　本：	787 mm×1092 mm　1/16	印　　张：	9
字　　数：	227 千字		
版　　次：	2013 年 7 月第 1 版	印　　次：	2013 年 7 月第 1 次印刷
定　　价：	50.00 元		

本书如存在文字不清、漏印以及缺页、倒页、脱页等，请与本社发行部联系调换

序

　　风能资源是重要的可再生清洁能源,在当今全球范围正面临着化石能源濒临枯竭、环境污染问题日趋严重、应对气候变化的压力不断加剧的背景下,发展风能、太阳能等可再生清洁能源已成为国家能源发展战略的重点领域。2007—2011年,国家发展和改革委员会、财政部专项安排开展全国风能资源详查和评价工作。中国气象局组织了全国30个省(区、市)的气象部门,建立了全国风能资源专业观测网,开展了全国风能资源的详查和评估,基本摸清了我国风能资源的总量、布局和可开发利用潜力,为我国的风能资源开发利用提供了重要的基础性资源信息。

　　风能资源的大小与大气环流和地理环境密切相关。云南省地处低纬高原,地理及气候环境特殊,仅根据过去基于气象台站的观测数据所开展的风能资源分析评估结论,该区域风能资源的开发利用潜力并不被看好。云南省气象科技工作者借助这次全国范围的风能资源详查和评估工作的契机,在掌握大量第一手资料的基础上,应用新技术和新方法,对高原山地的风能资源情况进行了深入的评估分析,进一步摸清了全省风能资源的储量、分布特征和变化规律,并得出了云南省属于我国复杂地形区风能资源丰富区的重要结论,为指导本区域风能资源开发利用提供了科学的参考依据。近年来,云南省气象部门在对区域内风能资源进行深入分析评估的基础上,针对风电场建设规划、风电场选址、风电机组的微观选址等特殊需求开展了有针对性的技术服务。2012年,在中国气象局风能太阳能资源中心的技术支持下,云南省气象部门为云南大理者磨山风电场等一些新建的风电场提供风电功率预报服务,为风力发电的有效开展及并网运行,提高风电场运行效率提供了有力保障。

　　云南省气象科技工作者注重围绕风能资源评估和风电预报服务工作开展了针对性的技术总结和分析研究,并将业务科研成果集结成《云南省风能资源及其开发利用》一书。本书针对云南省特殊的地形和气候特征,利用新建的专业观测网资料和数值模式等新技术,系统地分析了云南省风能资源的分布特征及可开发利用的潜力,提出了针对风电场建设的风能资源评价技术和针对风电场运行的风电功率预报技术等,对云南省的风能资源开发利用、风电场的建设和风电并网运行管理等具有实用价值,可为风电资源管理、规划部门以及风电企业和相关科研技术人员开展风能资源开发利用的规划设计、建设管理等工作提供参考。

衷心希望云南省气象工作者在实践中不断深化和丰富对云南省风能资源开发利用的科学认识,提高气象服务的能力和水平。

矫梅燕

2013 年 4 月

前　言

　　风能作为重要的可再生清洁能源，其开发利用受到国家的鼓励。积极推进气候资源开发是气象部门义不容辞的责任。

　　云南风能资源的开发利用起步较晚，但发展很快。从2005年开始，在国家政策大力支持、地方政府着力推进、相关部门积极配合、风电企业努力开拓的前提下，风电开发从无到有，再到国内的热点地区，经历了艰辛的发展历程。

　　风能资源是风电开发的基础条件，没有良好的资源条件，风电场就不成立。云南地处低纬高原，地理位置特殊，地形地貌复杂，风能资源的分布与平原和沿海地区有很大差别。在过去的风能资源评价工作中，采用的资料均为气象站资料，不可避免地存在一些偏差，一定程度上误导了对云南风能资源的认识。同时，云南风电场的风能资源和其他气象条件地域性差异很大，每一个场区都会出现过去从未遇到的情况。为了获得准确的资源评估，在风能资源开发利用过程中，云南省气候中心的技术人员全程参与了前期工程的技术服务工作，从风电场选址到测风塔定位，从数据校核到风能资源评估，从风机机位选址到气象灾害分析，每一个环节都有他们的足迹。可以说，云南风能资源开发凝聚着他们付出的辛勤汗水。

　　在取得了大量的资料和宝贵的经验后，我们的技术人员在实践中加以应用和研究，总结出了云南风能资源的分布规律和变化特征，研究得到了适合于云南风电场风能资源评价的技术方法，开展了微地形下成风条件的研究，取得了许多有价值的成果，这些成果再回到实践中应用，进一步完善了服务。

　　本书是对云南省气候中心近几年工作的技术总结。全书共分8章，第1章重点介绍云南风能资源的开发概况；第2章简述风能资源的概念；第3章介绍云南风速的时空分布特征；第4章是风能资源详查和评价的成果介绍；第5章以两个风电场为例分析不同区域风电场风能资源的基本特征；第6章介绍山地风能资源模拟研究的一些成果；第7章介绍云南省风电场风能资源的评估方法；第8章简要介绍风电场风电功率预报的原理和云南开展的情况。

本书由朱勇、王学锋、范立张、杨鹏武、杨晓鹏、黄玮共同编著。其中全书的统筹策划由朱勇完成，第1、2、3章由王学锋编写，第4章由杨晓鹏、杨鹏武编写，第5章由范立张编写，第6章由杨鹏武编写，第7章由王学锋、范立张编写，第8章由黄玮编写。全书由王学锋统稿，朱勇审核。

特别感谢中国气象局矫梅燕副局长，她对云南的风能资源开发工作给予了全面的关心和帮助，在百忙之中审阅全书，并作序。

在开展风能资源详查和评价项目工作过程中，得到了中国气象局风能太阳能资源中心的大量技术支持，并提供了风能资源长期数值模拟和GIS空间分布的相关成果。

在本书编写的过程中，得到了云南省气象局、云南省能源局、中国水电顾问集团昆明勘测设计院、云南省电力设计院、云南大学、云南省气象科学研究所、云南省气象台、云南省气象信息中心等单位领导和专家的指导，并得到相关风电企业的帮助，在此一并致谢。

由于云南省风能资源的复杂性，在工作中我们也发现了许多科学问题并未得到圆满解决，许多应用技术也需要在实践中进一步加以完善。但我们有信心通过努力，在不久的将来能够对云南的风能资源有更进一步的认识，应用技术会更成熟，云南省风能资源开发利用将更具科学性，富有成效性。

编著者

2013 年 4 月 15 日

目 录

序
前言
第1章 概 述 ………………………………………………………………………… (1)
  1.1 风能资源开发的历史 ……………………………………………………… (1)
  1.2 风电在中国 ………………………………………………………………… (2)
  1.3 云南省风能资源开发 ……………………………………………………… (4)
第2章 风能资源及其表征 …………………………………………………………… (11)
  2.1 风和风能的基本特性 ……………………………………………………… (11)
  2.2 风速的地理分布和时间变化 ……………………………………………… (12)
  2.3 风的表征 …………………………………………………………………… (13)
  2.4 风能及其表征 ……………………………………………………………… (15)
第3章 区域风速的时空分布特征 …………………………………………………… (17)
  3.1 空间分布 …………………………………………………………………… (17)
  3.2 年际变化 …………………………………………………………………… (20)
  3.3 年内变化 …………………………………………………………………… (23)
  3.4 日变化 ……………………………………………………………………… (27)
第4章 风能资源详查和评价 ………………………………………………………… (31)
  4.1 观测网建设 ………………………………………………………………… (31)
  4.2 风能资源分析 ……………………………………………………………… (33)
  4.3 风能资源的短期数值模拟分析评估 ……………………………………… (48)
  4.4 风能资源长期数值模拟 …………………………………………………… (52)
第5章 云南省风电场风能资源的基本特征 ………………………………………… (57)
  5.1 山地风的一般特性 ………………………………………………………… (57)
  5.2 西部风电场风能资源特征 ………………………………………………… (58)
  5.3 东部风电场风能资源特征 ………………………………………………… (69)
第6章 山地风电场风能资源模拟 …………………………………………………… (92)
  6.1 基于CFD的风场风速模拟 ………………………………………………… (92)
  6.2 基于WAsP的山地风电场风能资源模拟 ………………………………… (103)
第7章 风电场风能资源评估的技术方法 …………………………………………… (110)
  7.1 风电场选址 ………………………………………………………………… (110)
  7.2 风能资源测量 ……………………………………………………………… (112)
  7.3 测量数据检验及订正 ……………………………………………………… (115)

7.4 风能资源评估 …………………………………………………………………… (117)

第8章 风电场风电功率预测预报 ………………………………………………… (124)

8.1 风电功率预测预报的意义及要求 ……………………………………………… (124)

8.2 风电功率预报种类和方法 ……………………………………………………… (125)

8.3 风电功率预报系统典型应用 …………………………………………………… (127)

参考文献 …………………………………………………………………………………… (132)

第1章 概　述

　　能源是能够为人类提供能量的自然资源。按照能源的分类,风能既是不消耗化石燃料、取之不尽、用之不竭的可再生能源,又属于不排放温室气体、不污染环境的清洁能源,还归类于尚未大规模利用、正在积极研究开发的新能源。开发风能有利于减少化石能源的消耗、保护环境和应对气候变化,受到国家鼓励。

　　在风能、太阳能、生物质能、潮汐能、地热能等可再生的清洁能源中,风能是技术最成熟、开发成本最低的之一。因此,风力发电从20世纪末期以来,发展速度很快。

1.1　风能资源开发的历史

　　风能是人类社会最早开发利用的能源之一。几千年来,风能一直被用来带动风车,作为碾磨谷物和抽水的动力,或者通过驱动船帆带动船舶运行。随着汽轮机的发明和廉价化石燃料能源的利用,风车逐步退出了历史舞台。直到风电机组的发明,风能被证明可以被用来发电,这才真正促进了风能资源大规模开发利用。

　　最早的风力机出现在19世纪晚期,美国人Brush发明了12 kW直流风电机组。在此之后,人们对风电机组的研究开发一直未停止。1931年,前苏联Balaclava制造出叶轮直径24 m、额定功率100 kW的风电机组;1941年,美国人Smith-Putnam将叶轮直径增加到53 m,制造出额定功率1250 kW的风电机组等。但相比化石能源,那个时代风电的成本甚高,风电并没有被广泛重视。在20世纪的大部分时间内,除了某些边远地区利用风能为蓄电池充电提供电力外,人们对风能几乎别无他用,这种情况一直持续到1973年石油危机出现时。

　　石油价格的突然上涨引发了人们对过分依赖化石燃料的经济发展的思考,促进了一系列重大的政府资助项目的研究与开发。美国制造的风机从1975年的Mod-0(风轮直径38 m、功率100 kW),发展到1987年的Mod-5(风轮直径97.5 m、功率达到2.5 MW)。欧美其他国家也在大力发展风机技术,风力发电真正进入了商业化的发展阶段。

　　从20世纪80年代开始,由于人们对石油等不可再生能源储量和价格的担心,在一定程度上促进了可再生能源产业的发展;而应对全球气候变暖,减少温室气体排放更促进了清洁能源的利用。这一切都坚定了各国政府对风能开发的决心,在政策上给予支持。

　　在风能资源开发中,欧洲处在领跑的位置。德国、西班牙、丹麦等国家的风电占全部能源的比例处于世界领先水平。1997年欧盟委员会发布《可再生能源白皮书》(CEU,1997)提出,到2010年欧盟可再生能源发电量要占到总能源的12%。2005年绿色和平组织和欧洲风能协会出版《风力12》,描绘了在2020年全球电力供应12%源于风能的宏伟蓝图。这些都促成了风机制造业得以飞速发展,风机的制造成本大幅下降,风电价格也随之大幅下降,风电装机大幅度增加,风能资源得到了广泛开发。1996年全世界风电装机仅为6100 MW,2000年达到了17400 MW。据有关方面预测,随着化石能源的日愈枯竭,价格将持续上涨,在不远的将来,风电的价格将会逐步接近化石能源的价格。

进入21世纪,风电的发展更为迅猛。据全球风能协会(Global Wind Energy Council)发布的统计报告《Global Wind Statistics 2012》,2012年世界风电新增装机容量为44711 MW,同比增长10.1%;截止2012年末,全球累计装机容量为282430 MW,比2001年的23900 MW增长近12倍(图1.1)。其中,2012年累计装机容量排在前十位的国家是:中国(26.8%)美国(21.2%)、德国(11.1%)、西班牙(8.1%)、印度(6.5%)、英国(3.0%)、意大利(2.9%)、法国(2.5%)、加拿大(2.2%)和葡萄牙(1.6%)。

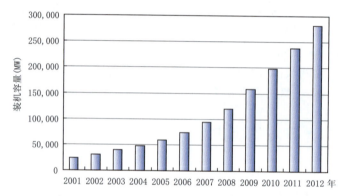

图1.1　2001—2012年世界风电累计装机容量统计

(数据来源:Global Wind Energy Council)

与此同时,新兴工业国家也加快了风能开发进度。近年来,中国、印度、巴西等国的风能发展速度远远超过世界平均水平。

1.2　风电在中国

中国的风能资源丰富。据第三次全国风能资源普查,全国可利用的风能资源总储量为43.5亿kW,技术可开发量(风功率密度大于150 W/m² 区域的风能资源)为2.97亿kW,潜在的技术开发量(按风功率密度100~150 W/m² 区域的风能资源的10%估算)为0.79亿kW。对于这一结果,有专家认为尚显得保守。

尽管在1800多年前,中国就有帆船、风车等风能资源利用的记录,但在风力发电方面却起步于20世纪60—70年代。

起初的风电机组是离网式风电,主要用于边远地区的分散式供电。至2002年底,全国累计生产小风机24万台,单机功率0.05~10 kW,总容量64 MW,年发电量约8100万kW·h。这些风电机对解决边远地区的农、牧、渔民基本生活用电起到了重大作用。

与光伏电池配合的风—光互补系统,容量可达数百瓦到数十千瓦,能完成给农牧民家庭以及海岛、边防站、通信台站、输油管道站点等重要设施的独立供电任务。2002年国家启动了送电到乡工程,风—光互补系统在其中发挥了一定的作用,采用了小型风电和太阳光伏发电互补的形式,解决了我国西部地区近百个乡镇 20 多万户、100 多万农牧民的供电问题。

中国的并网风力发电始于 1989 年 10 月,新疆达坂城利用丹麦海外援助资金,安装了 13 台丹麦 Bonus 公司 150 kW 失速型风力发电机组和 1 台 Wincon 公司 100 kW 机组,建成了总装机容量为 2050 kW 的中国第一个,也是当时亚洲最大的并网式风电场——新疆达坂城风电场(图 1.2),成为中国风电发展的里程碑。

图 1.2　达坂城风电场

进入 21 世纪,同样因为面临化石能源价格上涨和应对气候变化的原因,以及可持续发展的战略,中国政府出台了一系列发展可再生清洁能源政策,极大地支持和促进了风电产业的发展。其中,2006 年 1 月 1 日《中华人民共和国可再生能源法》的颁布实施,促使中国风能产业发展进入了一个崭新的时期。

2006 年 9 月国家发展和改革委员会、财政部《促进风电产业发展实施意见》印发,提出了到"十一五"期末全国完成风电规划 5000 万 kW 和建成投产 500 万 kW 的目标。2007 年 8 月《可再生能源中长期发展规划》颁布,提出 2010 年风电装机容量达到 500 万 kW、2020 年达到 3000 万 kW 的目标。2009 年 7 月 20 日,国家发展和改革委员会下发《关于完善风力发电上网电价政策的通知》,按风能资源状况和工程建设条件,将全国分为四类风能资源区,相应制定风电标杆上网电价。4 类资源区风电标杆电价水平分别为每千瓦时 0.51 元、0.54 元、0.58 元和 0.61 元。《通知》同时规定,继续实行风电费用分摊制度,风电上网电价高出当地燃煤机组标杆上网电价的部分,通过全国征收的可再生能源电价附加分摊解决。

一系列的政策措施鼓励了风电产业的快速发展,据中国可再生能源学会风能专业委员会(CWEA)发布的《2012 年中国风电装机容量统计》报告,2012 年全国新增装机容量 12960 MW,同比增长 20.8%。2012 年全国累计装机容量 75324.2 MW,较 2001 年的 281.2 MW 增长 268 倍(图 1.3),上述发展目标得以提前实现。

另据媒体报道，2012年中国风电发电量达到1004亿kW·h，已超过核电成为继煤电和水电之后的第三大主力电源。

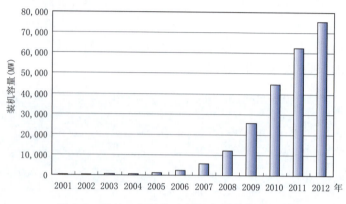

图 1.3　2001—2012 年中国风电累计装机容量

（数据来源：CWEA）

中国是世界上风电发展最快的国家，在全球市场中处于领先地位。在2012年全球风电新增装机容量的44711 MW中，中国风电新增装机容量占到世界的30%左右，继续保持全球风电最大市场地位。自2010年首次超过美国成为累计装机容量最大的国家以来，连续三年保持的这一荣誉，2012年总份额超过全世界的1/4。

从风电装机的地域来讲，中国的风电主要集中在三北地区，截止2012年，装机超过3000 MW的有：内蒙古（18623.8 MW）、河北（7978.8 MW）、甘肃（6479.0 MW）、辽宁（6118.3 MW）、山东（5691.0 MW）、黑龙江（4264.4 MW）、吉林（3997.4 MW）、宁夏（3565.7 MW）和新疆（3306.1 MW）。

在风机制造方面，1997年新疆金风科技引进德国Jacobs公司技术生产600 kW风力机，推开了我国生产风电机组的序幕。

随着风电产业的快速发展，我国的风机制造水平和能力都有巨大的提高。在制造水平上，2004年大连重工等开始与外国公司合资生产兆瓦级风力机，达到了国际先进水平。2010年在华锐风电有限公司，中国首台6 MW风电机组下线。这些都标志着我国风机制造水平的大幅度提高。目前国产主流风电机组功率基本上为1.5～2 MW，功率调节方式均为变桨变速，发动机型式则主要以永磁直驱和双馈异步为主，风轮直径一般在82～105 m之间。

在生产能力方面，统计数据表明，2012年全国风电机组制造企业生产的风电整机组产量达7872台，总容量12960 MW，其中金风、华锐、东汽和联合动力4家制造企业市场份额53.2%。出口风机225台，装机容量430.45 MW。

1.3　云南省风能资源开发

1.3.1　地理特点

云南省位于中国西南边陲，地理位置为东经97°31′～106°11′、北纬21°8′～29°17′，北回归线横贯南部，属低纬度内陆地区。东部与贵州省、广西壮族自治区为邻，北部与四川省相连，西北部紧依西藏自治区,西部与缅甸接壤,南部和老挝、越南毗邻。全省东西最大横距864.9 km,南北最大纵距990 km,国土总面积39.4万km²,占全国国土总面积的4.1%,居全国第8位。

云南省地处青藏高原的东南侧,是云贵高原的主体。全省地势北高南低,由西北向东南呈阶梯状递降(图1.4)。

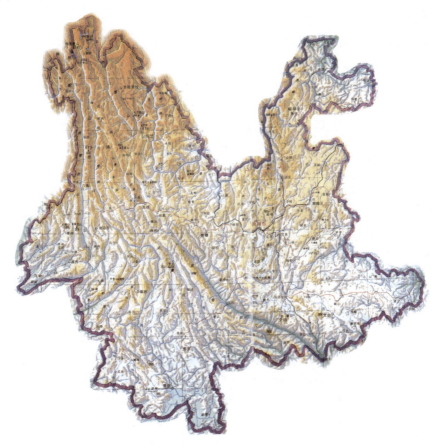

图1.4 云南省地形图

紧邻西藏的滇西北的德钦县和香格里拉县一带地势最高,为一级梯层,海拔一般在3000~4000 m,有多座5000 m以上的高山,顶部终年积雪;以滇中高原为主体的残存古夷平面,为二级梯层,海拔约在2300~2600 m,山间盆地底部海拔在1700~2000 m,山峰海拔一般为3000~3500 m;西南部、南部、东部边缘,主体是海拔1200~1400 m的低山丘陵和海拔不到1000 m的盆地、河谷,为最低一级梯层。最高点位于滇西北滇藏交界的德钦县,怒山山脉梅里雪山主峰卡瓦格博峰,6740 m;最低点位于滇东南与越南交界的河口县境内,南溪河与元江汇合处,海拔仅为76.4 m。两地直线距离约840 km,高低相差达6663.6 m。全省山地面积约占国土面积的94%。

断陷盆地错落,山地平坝交错,河川湖泊纵横是云南省地形的一大特征。全省1440多个1 km²以上的小盆地散布于群山之间。有大小河流600多条,其中重要河流180多条,分属伊洛瓦底江、怒江、澜沧江、金沙江(长江)、元江(红河)和南盘江(珠江)6大水系。全省有高原湖泊40多个,多数为断陷型湖泊,大体分布在元江谷地和东云岭山地以南,海拔1200～3200 m之间,多数在高原区内。湖泊总面积约1100 km^2,占全省总面积0.28%。

1.3.2 气候和气候资源特征

1.3.2.1 气候特征

(1) 季风气候特征

云南省地处季风区,冬季受干燥的大陆季风影响,夏季盛行湿润海洋季风,季风气候极为明显。受东亚季风和南亚季风的共同影响,云南干湿季节分明,5—10月为雨季,11月至次年4月为干季,年平均降水量为1086 mm。其中,雨季降水量为917 mm,占全年降水量的84.5%,干季降雨量169 mm,仅占年雨量的15.5%。全年降水量以6—8月最为集中,降水量为588 mm,占全年总量的54%。从区域分布上看,全省降水量从南到北逐渐减少。降水量最大的金平县为2357 mm,最小的宾川县仅564 mm,相比超过4倍。

(2) 低纬气候特征

云南省地处低纬地区,北回归线从南部穿过,太阳高度角变化不大,形成气温年较差小,四季不分明的低纬气候特征。夏季阴雨天多,太阳光被云所遮蔽,温度不高,除少数河谷地区外,全省大部地区夏无酷暑。全省最热(7月)月均温度在19～22℃,35℃以上的高温日数一般不出现或出现甚少,极端最高气温比我国东部各省低5～10℃。冬季受干暖气流影响,晴天多,日照充足,除少数高寒山区外,多数地区冬无严寒。最冷(1月)月均温度在6～8℃以上,比东部各省高5～10℃以上。年较差一般只有10～12℃。

(3) 垂直气候特征

云南省由于地形复杂、地势垂直高差大等原因,形成了独特的立体气候类型,气候类型多样,从南到北,分布有北热带、南亚热带、中亚热带、北亚热带、南温带、中温带和高原气候区共7个气候带,相当于涵盖了从我国的海南岛到黑龙江省的各种气候类型。不仅如此,而且在很小的范围内,随海拔高度的变化,亦有几个气候带的差异,立体气候明显。一般河谷地带炎热,雨量较少;山腰气候温和,降水增多;山顶气候冷凉,雨量最多。从山谷到山顶往往出现几种不同的气候类型,有不同的植被和自然景观。有的地区长冬无夏,有的地区四季如春,也有的地区终年如夏。全省各地年平均温度基本呈现由北向南递增的区域分布,南北气温相差19℃左右。

1.3.2.2 气候资源特征

气候资源是在一定的经济技术条件下,能为人类生活和生产提供可利用的光、热、水、风、空气等物质和能量的总称,是一种可再生资源。云南省气候资源具有以下特点:一是资源丰富,是我国气候资源最为丰富的省份之一,光资源、热量资源、水分资源、风资源蕴藏量均位居全国前列;二是分布广泛,以不同的形式蕴藏于全省各地;三是区域特征明显,不同的气候资源在省内不同区域表现出明显的差异性特征;四是开发潜力巨大,光、热、水、风和空气都具备良好的可开发条件。

气候资源是自然资源的重要组成部分,按利用的承载体可分为农业气候资源、林业气候资源、畜牧业气候资源、水产气候资源、旅游气候资源、能源气候资源等,其中风能和太阳能属于能源气候资源。

1.3.3 风能资源特点概述

经过多年的理论研究和实地勘查,云南气候工作者对云南的风能资源有了较深入的认识,总结出云南风能资源的特点:

(1)蕴藏丰富。以 50 m 年平均风功率密度大于 200 W/m^2 作为可开发的基本条件,扣除实际不可利用的区域,云南省全省范围内风能资源技术开发量为 2907 万 kW,涉及面积 8804 km^2,属全国风能资源丰富区。其中风功率密度大于 300 W/m^2 的区域风能资源技术开发量为 2066 万 kW,涉及面积 6273 km^2。

(2)区域分布特征明显。风能资源丰富、开发条件较好的地区主要集中在滇中的大理、楚雄、昆明、曲靖等州市。在滇东南的红河州、滇中的玉溪市、滇东北的昭通市、滇西北的丽江市等地也具有一定的开发条件。其他州市风能资源一般,在部分高山山脊具有开发条件。

(3)随海拔高度变化大。高山山脊的风速一般比较大,坝区(山间小盆地)的风速一般比较小。绝大部分风能资源较好的区域均位于海拔 2500 m 以上的高山山脊或台地上。因此,已有气象站点观测资料只能定性判断风能资源分布的趋势,不能定量描述该地区实际资源量的大小。

(4)全年两季风特征显著。风速和风能呈冬春季大、夏秋季小的特点,与占主导地位的水电具有丰枯互补的效应。

(5)主导风向明显。全省除滇东地区的冬季因冷空气影响主导风向不明显外,绝大部分地区主导风向为西或西南,该区间风向频率一般能达到 80% 以上,风能频率能达到 90% 以上,有利于风能资源的利用。

(6)不利气象条件少。无台风、沙尘等影响,破坏性风少,极端低温(低于-30℃)较罕见,有利于风机的安全运行。

(7)资源空间分布较广泛。虽然总量较大,但单个风电场装机容量不大,有利于电网的接入和消纳。许多地区风能资源分布较为零散,有利于分布式开发。

(8)风能资源集中区域邻近负荷中心。风能资源集中区域主要位于滇中经济较发达地区附近,用电负荷大,有利就近消纳。

1.3.4 风能资源开发概况

1.3.4.1 风能资源评价

对于云南风能资源的认识经历了一个较为曲折的过程。

1951 年以来,云南省逐步建立了遍布每一个县(市)的气象观测网,开展了大规模风观测,积累了大量有价值的资料。

由于云南地处低纬高原,气象观测站基本上都设在县城附近,地处坝区(山间小盆地),观测环境受到很大的限制,其代表性仅限于坝区,而占国土面积 94% 的山区却缺乏观测记录。在以往的风能资源评价中,均是以气象站点的观测资料为基础,所获得的结论并不能真正代表云南的风能资源状况。因此,云南风能资源的开发条件从未被看好。

2005 年,云南省发展和改革委员会组织云南省气象局编写完成了《云南省风能资源评价报告》。报告提出了云南省风能资源总储量为 1.229 亿 kW,可利用区风能储量为 2832 万 kW 的重要结论。虽然这一结论仍是用气象站点的资料所获得,其结果与《中国风能资源评价报告》一致，但报告依据太华山和大山包两个高山气象观测站的资料进行了大胆的推测，提出了气象站风况不能代表云南的风能资源，云南的风能资源主要蕴藏于高海拔山区。报告较准确地划分出最佳开发区和较佳开发区，为开展风能资源详查和评价打下了基础，并为风电场选址规划提供了重要的依据。

为了更精细地查清风能资源的基本情况，2007年，中国气象局组织启动了全国风能资源详查和评价项目。依托该项目，云南省气象局在省内风能资源丰富的高山上建立了8座测风塔开展风能资源观测。以收集到的2年以上观测资料为基础，应用一系列针对山地优化的数值模拟方法，更深层次地了解了云南复杂山地风能资源的分布特征，获得了宏观的风能资源精细化分布图谱。根据项目完成的《云南省风能资源详查和评价报告》，云南省风能资源大于200 W/m^{2}区域的技术开发量为2907万kW。这一结论虽然在总量上与上一次风能资源评价大致相同，但观测事实更可靠，研究手段更科学，分析结果更精细，结论更具有指导意义。

从2006年开始，云南风电场规划和建设正式开展了前期工作。针对云南风电场风能资源分布及变化的特殊性，为规避企业投资风险，保障风电开发有序进行，云南省发展和改革委员会和云南省气象局联合下发了《关于加强云南省风能资源观测与风能资源评价管理的通知》（云发改能源[2007]398号），规范了在云南省境内开发风电场风能资源测量和评价工作，要求在云南省行政范围内建设的风电场应当开展风能资源评价，并编制风能资源评价报告。这一举措对于科学有序稳妥地推进云南的风能资源开发利用起到了积极的作用。

1.3.4.2 风电场选址规划

云南省的风电场选址规划以《云南省风能资源评价报告》的完成为起点。

2005年5月，国家发展和改革委员会在乌鲁木齐市主持召开了第二次全国风电建设前期工作会议，并以发改办能源[2005]1106号文件下发了第二次全国风电建设前期工作会议纪要。以此为契机，云南省发展和改革委员会组织云南省气象局、中水顾问集团昆明勘测设计研究院开展了第一次风电场选址和规划工作。依据风能资源评估报告的结论，选址主要着眼于风能资源丰富区中，海拔在2000 m以上的高海拔地区。经过大量的实地踏勘，于2006年7月完成了《全国风电建设前期工作成果（规划报告篇）第25卷 云南省》，报告在昆明、曲靖、大理、红河、昭通、丽江等州（市）共规划了13个风电场，总规模为1341 MW。

在其后的实践中，选址勘察工作不断深入，大量风能资源丰富的场区不断被发现，原有的风电场规划已不能满足发展需要。针对这种情况，2009年云南省发展和改革委员会、云南省能源局组织云南省气象局、中水顾问集团昆明勘测设计研究院于2009年共同开展了云南省风电场规划的修编工作，完成了《云南省风电场规划报告（2009年）》。随着对云南风能资源进一步的认识，本次规划在原有基础上新增了25个场址，并将原规划的13个风电场的装机容量调整为1390 MW，共规划风电场38个，总装机容量3777 MW。

2009年以后，云南风电场建设进入快速发展期，各发电企业在云南省境内开展了更大范围的风电场宏观选址及风能资源观测。为了进一步查清云南省风能资源情况和可开发利用量，确保云南省风电项目的健康有序发展，切实做好风电场建设的管理，2011年云南省发展和改革委员会、云南省能源局启动了新一轮的规划，组织云南省气象局、云南省电力设计院、中水顾问集团昆明勘测设计研究院和云南省环境科学研究所再次对云南省风电场规划进行第二次修编。

为了使规划更具有科学性，云南省发展和改革委员会组织各风电企业在云南省16个州市设立了 660 个测风塔。这次规划与前两次规划的根本区别,一是大量的风电场实地观测资料得到应用,使得规划更具有科学性;二是增加了环境影响评价,使得规划更具客观性。依据测风塔观测数据和环境影响初步评价,本次规划风电场达到 274 个,总装机容量达到 31449 MW。其中风能资源丰富、无环境影响问题、开发条件较好、列入优先开发的风电场 99 个,规划装机容量 9912 MW。与前两次规划相比,本次规划规模得到了很大的扩充,也更具有可操作性。

从列入优先开发的风电场分布区域上看,云南的风电场规划主要集中在滇西的大理州,滇中的昆明市、楚雄州,滇东的曲靖市、红河州,分布基本符合云南风能资源的分布特征。

1.3.4.3 风电场开发建设

2007 年,以下关风电场为标志,云南省启动了风电场建设工作。

下关风电场位于大理市周边的高山山脊上,海拔在 2500 m 左右,风电机组采用单机容量为 850 kW 和 750 kW 两种机型。风电场由中国华能集团云南公司和中国水电第十四工程局共同开发,初期总装机容量为 78.6 MW(其中中国华能 48 MW、水电十四局 30.6 MW),于 2008 年年底建成投产(图 1.5)。

图 1.5 云南省第一个风电场——下关风电场

2010 年,下关风电场通过了工程验收。统计数据表明,风电场平均年满负荷利用小时数超过 2500 h,充分证明了在云南高原,风能资源具有良好的开发条件。

下关风电场的成功极大地提振了各大电力集团在云南高原开发风电的信心和积极性,云南的风电开发逐步进入了快速发展时期,投产风电装机容量连续 4 年高速增长。截止 2012 年底,云南省累计建成投产风电场 38 个,累计总装机容量 1960 MW,比 2008 年增长近 24 倍(图 1.6),并进入了百万千瓦级行列,列全国第 12 位、长江以南各省第 1 位。其中 2012 年新增装机容量1031.8 MW,仅次于山东(1128.7 MW)、内蒙古(1119.4 MW)和甘肃(1069.8 MW),列全国第4位。

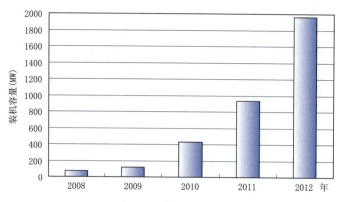

图1.6　2008—2012年云南省风电累计装机容量
(数据来源:CWEA)

根据《国家能源局关于印发"十二五"第三批风电项目核准计划的通知》(国能新能〔2013〕110号)文件,2013年云南省有48个风电项目进入国家能源局核准计划,总计装机容量3042 MW,约占本次核准计划(27970 MW)的11%。这是在国家能源局核准计划中,继2012年以来再次位居全国第一位。

与此同时,技术的进步也进一步推进了风电开发。云南的风电场最高海拔超过了3000 m,并实现正常运转,创造了全国风电场最高海拔的纪录;大功率风电机组得到广泛应用,单机容量从750 kW逐步发展到2 MW,风能资源的利用率得到明显提高;风电集中开发与分布式开发相结合、风光互补模式也在探索中。

2012年云南风电总发电量为28.1亿kW·h,风电机组平均利用小时数达2550 h,居全国前列。其中部分风电场平均利用小时数超过3000 h,例如装机容量为99 MW的杨梅山风电场年发电量3.13万kW·h,利用小时数达3161 h。

第 2 章　风能资源及其表征

风最显著的特性是受地理环境和大气环流影响,空间分布和时间变化很大。因此,风能资源的开发利用首先是要了解风和风能资源的基本特征。

本章简要介绍风能资源的普适性分布特征和风及风能的一般性表征方法,为下一步分析云南的风能资源打下基础。

2.1　风和风能的基本特性

风是空气的水平运动,是一种天气现象。风的形成是地球表面接收太阳能辐射不均匀而引起的气压在水平方向分布不均匀,造成了水平气压梯度力,从而使空气产生水平运动。

从物理学原理可知,由于空气有质量,所以风具有能量,即风能。风能属于气候资源的范畴,具有气候资源共有的特性。

风具有以年和日为周期的变化规律,同时也明显存在随时间的随机波动性。

风能资源非常丰富。地球上所蕴藏的风能比人类迄今为止所能控制的能量大得多,据有关估算,地球上的风能资源每年高达 53 万亿 kW·h,是水能资源的 10 倍。按粗略的估计,到 2020 年世界的电力需求将达到 25.578 万亿 kW·h,如果整个地球上 50% 的风能资源能够得到利用就能满足全球能源的需求。

风能分布广泛而不均匀。风无处不在,风能也就广泛存在于地球的每一个角落,便于就地取材,就地消纳;受大气环流和下垫面的影响,各地的风能资源存在较大差异。

风能是可再生能源。风的能量来自于太阳,从广义上讲,风能是太阳能的一种表现形式。因此,只要太阳存在,风能就永远存在。这在化石能源日趋枯竭,能源安全日趋重要的发展环境下具有重要意义。

风能是清洁能源。风能的开发利用不消耗化石燃料,也不排放二氧化碳等温室气体,这一关键点在当今世界可持续发展和节能减排、应对气候变化的形势下显得极为重要。

风能既可为人类所利用,也会造成巨大的灾害,例如台风、龙卷风、飑线等。

客观地讲,风能资源相对于化石能源和水能具有明显的优势,同时也存在不利于开发利用的劣势,主要表现在:

一是能量密度低。风能资源的密度仅相当于水能资源的 1/800,造成了在相同的规模下,风电场必须占据较大的场址范围。

二是稳定性差。风速是忽大忽小不稳定的,就连风能资源良好的地区也不例外,这给风电入网带来一定限制。

三是开发受到资源量和技术的限制,开发成本较高,目前只有在风能资源较丰富的地区才具有开发价值。

2.2 风速的地理分布和时间变化

2.2.1 风速的地理分布

风受地面接收太阳能的不均匀控制,导致了不同程度的地表升温。热量主要集中在赤道附近的陆地上,最强的辐射都发生在白天,随地球的自转受热最多的地区也在周期性变化。热空气的上升并在大气中循环,然后降到较冷的区域,由此引发的大规模空气运动受到地球地转偏向力的强烈作用,其结果形成风的大规模全球循环模式。

一般而言,风的这种形成模式只因地球围绕太阳的公转和地球的自转而改变,但地球表面的不同性质(海洋、地面)会使循环产生小范围的扰动,于是出现风的地理分布受地貌影响而产生显著性差异。

风受大气环流系统影响,在不同的天气和气候系统下,风的特征有很大差异。例如常年处于副热带高压的地区风速明显偏小,而处于强西风带的地区则风速偏大。又如即使在常年平均风速很小的地区,在出现强对流天气系统时风速会明显增大。

丘陵和山脉会导致局部地区风速的增加,一般而言,地球边界层风速随高度增加而增大,山峰会形成高的风速层。而在大地形的背面则往往是风速小的区域。

空气的流动会因为挤压而加速,因而隘口和峡谷往往会出现较大的风速,高山地区也会因为气流随地形上升产生挤压而出现较大风速。

热力效应会产生风的地理分布变化,如海陆风的形成。

2.2.2 风速的季节变化

风速在一年中呈现出明显的季节变化,其周期为一年。在北半球的大多数地区,由于冬春季节高空纬向环流偏强,而夏秋季节经向环流较明显的大气环流特征,大多呈现冬春季节风大,而夏秋季节风小的特性。

在季风气候显著的云南高原,这一特性显现得更加明显:普遍呈现冬末春初(1—4月)风大,而夏秋季节(6—9月)风小的年内变化特征,最大月和最小月风速差别一般在 2~3 倍,最大的可达 4 倍以上,这与控制云南地区的大气环流关系密切。

2.2.3 风速的日变化

除大气环流的变化以外,很多地区表现出昼夜峰值,出现的周期是 24 小时。

在平原或盆地,日变化一般是由于当地的热效应造成的,白天激烈的热量可能会引起大气中较大的对流单体,而这种环流在夜间是不存在的,于是呈现出白天风大、夜间风小的特征。

但在高原山地,特别是高海拔地区,受高空风动力下传影响,常呈现出风的最大值出现在夜间的情况。

2.3 风的表征

风是矢量,既有方向,即风向;又有速度,即风速。

2.3.1 风向

风向即风的来向,如果气流从西方吹来就称为西风。

风向可以方位角的形式表征,即将所有风向划分为360°,以正北方向为0°,沿顺时针方向递增,正东方为90°,正南方为180°,正西方为270°。

风向也用8个或16个方位来表征,8个方位分别为北、东北、东、东南、南、西南、西和西北,16个方位分别为北、北东北、东北、东东北、东、东东南、东南、南东南、南、南西南、西南、西西南、西、西西北、西北和北西北,表征方法如图2.1所示。

风玫瑰图也叫风向频率玫瑰图,它是根据某一地区多年平均统计的各个风向的百分比绘制,一般用8个或16个罗盘方位表示(图2.2)。由于该图的形状形似玫瑰花朵,故名"风玫瑰"图。风玫瑰图上所表示的风向即风的来向,在图中形象地表征为从外面吹向中心的风向的频率。

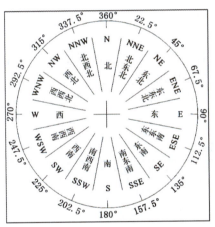

图2.1　16个方位风向图

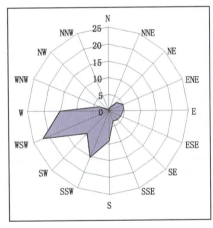

图2.2　16方位风向玫瑰图

2.3.2 风速

风的大小用风速来度量,风速是单位时间内空气在水平方向上移动的距离,单位一般取米每秒(m/s)。

风速是随机性很大的量,一般风速仪上测量得到的风速是瞬时风速。对于一个时间段,风速有平均风速、最大风速、极大风速的不同概念。平均风速是指时段内所有等间隔测量得到的瞬时风速的平均值,最大风速一般指时段内每10 min平均风速的最大值,而极大风速则是指时段内瞬时(一般每3 s取样)风速的最大值。

近地面层风速一般随高度的增加而增大,风速在接近地面处减小主要是由于地面障碍物(地表粗糙度)引起的摩擦所致。一般情况下,风速随高度的变化可采用下列指数经验公式估算：

$$v = v_1 \left(\frac{h}{h_1}\right)^\alpha \tag{2.1}$$

式中，v 为距地面高度为 h 处的风速(m/s)，v_1 为高度 h_1 处的风速(m/s)，α 为经验指数，主要取决于地面粗糙度。

一般而言，对于离地面 100 m 以下的区域，α 可按表 2.1 取值。

表 2.1 不同地表的 α 值

地面类型	α	地面类型	α
光滑地面、硬地面、海洋	0.10	城市平地、有高草地、树木极少	0.16
草地	0.14	高的农作物、篱笆、树木少	0.20
树木多、建筑物极少	0.22~0.24	城市有高层建筑	0.40
森林、村庄	0.28~0.30		

对于山地风电场，由于成风条件和影响风速的因素甚多，风速随高度的变化要比上表所列的情况复杂得多，而且在某些情况下甚至会出现负值，因而对于 α 值一般不推荐使用上表，而是用实际观测数据计算。

2.3.3 风级

风级是根据风对地面或海洋物体影响而引起的各种现象，按风力的强度等级来估计风力的大小，是粗略判断风速的一种常用方法，在日常生活中应用十分广泛。

风力的等级源于 1805 年英国人蒲福(Francis Beaufort)拟定的风力等级表，国际上称为"蒲福风级"，见表 2.2。

表 2.2 蒲福风级表

风级	名称	相应风速(m/s)	地面上的表现
0	无风	0~0.2	静，烟直上
1	软风	0.2~1.5	烟斜升，树叶略有摇动
2	轻风	1.6~3.5	树叶有微响，高的草和庄稼开始摇动，人面感觉有风
3	微风	3.6~5.4	树叶和高的庄稼摇动不息
4	和风	5.5~7.9	小树枝摇动，高庄稼波浪起伏，地面灰尘和纸张被吹起
5	清劲风	8.0~10.7	有叶的小树摇摆，高的庄稼起伏明显，水面上有小波浪
6	强风	10.8~13.8	大树枝摇动，高的庄稼不时倾伏于地，电线呼呼有声
7	疾风	13.9~17.1	全树摇动，大树枝下弯，迎风步行感觉不便，有呼啸声
8	大风	17.2~20.7	小树枝折断，迎风步行感觉阻力甚大
9	烈风	20.8~24.4	大树枝折断，屋瓦被掀起
10	狂风	24.5~28.4	树木被吹倒，一般建筑物遭破坏
11	暴风	28.5~32.6	树木被吹倒，一般建筑物遭严重破坏
12	飓风	>32.6	树木被吹倒，一般建筑物遭严重破坏

2.4 风能及其表征

风能的大小通常采用风能或者风功率密度的概念表征。

2.4.1 风能

风能是空气水平运动所产生的能量,风能的大小主要取决于风速。假设空气是不可压缩的,则能量就可以看成是纯动能,根据力学原理,其动能为:

$$E_k = \frac{1}{2}mv^2 \tag{2.2}$$

式中,m 为气体的质量(kg),v 为气流速度(m/s)。

考虑气流垂直流过截面积为 S 的假想面,在时间 t(s)内流过该截面的体积为:

$$V = Svt \tag{2.3}$$

流过截面的气流质量为:

$$m = \rho V = \rho Svt \tag{2.4}$$

式中,ρ 为空气密度(kg/m³)。

则气流所具有的总能量,即风能为:

$$E_k = \frac{1}{2}\rho v^3 St \tag{2.5}$$

在风能工程中,常用(2.5)式计算风能,习惯上称为风能公式。可见单位时间内风能的大小与空气密度、气流通过的面积成正比,与风速的 3 次方成正比。由于空气密度和风速随地理位置、海拔高度、地形条件以及气候因素而变化,因此,在风能计算中,风速取值是否准确对风能估算的准确性影响很大。

风电机组真正获得的能量还需要考虑风力机的效率,即实际输出功率与风所具有的功率之比值,风力机的效率与风电机组的制造水平有关。

2.4.2 风功率密度

风能密度是指单位时间内通过垂直于气流的单位截面积上的风能。风能密度和空气密度有直接关系,而空气密度取决于气压和气温,因此,不同地方、不同条件下的风能密度是不同的。一般而言,在相同风速条件下,海拔低的地方气压高,空气密度大,风能密度相对大;而高海拔地区气压低,空气密度小,风能密度就要小一些。

在单位时间内流过垂直于风向截面的风能为风能密度:

$$P = \frac{1}{2}\rho v^3 S \tag{2.6}$$

式中,P 的单位为 W。

单位面积上的风所含有的功率称为风功率密度(W/m²):

$$w = \frac{1}{2}\rho v^3 \tag{2.7}$$

实际工作中,平均风功率可根据测风情况按下列公式进行计算:

$$P_a = \frac{1}{2n}\sum_{i=1}^{n}(\rho \cdot v_i^3) \qquad (2.8)$$

式中，P_a 为平均风功率密度；单位为瓦每平方米（W/m²）；n 为风速数据数目；ρ 为空气密度，单位为千克每立方米（kg/m³）；v_i 为第 i 个风速值，单位为米每秒（m/s）。

2.4.3 有效风功率密度

风能作为新能源的利用主要是风力发电。风力机的启动需要一定的能量，即要启动风力机，风速必须达到一定的值，这个值就称为"启动风速"，也称为"切入风速"，在切入风速以下的风能是不能被利用于发电的。启动风速与风机的制造技术有关，目前的风电机组切入风速一般为 3.0～3.5 m/s。

同时，为保证风力机的安全性，风速在达到某一值时风力机就会停转以自我保护，此风速就称为"停机风速"，或称"切出风速"。切出风速也与风机的制造技术有关，目前的风电机组切出风速一般为 22～25 m/s。

从切入风速到切出风速之间的风力称为"有效风速"，这个范围内的风能称为"有效风能"。

有效风功率密度就是指在有效风速之间的风功率密度，在实际应用中取在切入风速和切出风速之间的风速进行计算。

第3章　区域风速的时空分布特征

　　云南的风能资源主要蕴藏于高海拔山区,而气象观测站则多位于坝区(山间小盆地),风速的大小和日变化差异很大,采用气象观测站的资料分析风能资源会出现误差。但两者的区域分布及年内变化、年际变化特征基本上是一致的,通过对气象站观测数据的分析可大致了解云南风速的时空分布情况,对风能资源开发具有宏观的指导意义。云南的气象观测站积累了长序列的观测资料,这些资料对于分析区域风速的时空分布特征提供了基础。

　　本章以全省125个气象观测站的观测数据,对云南风速的时空分布特征进行简要分析,以提供一个气候背景情况,其中平均风速资料采用1981—2010年气候平均值。

3.1　空间分布

3.1.1　年平均风速

　　云南省125个气象观测站年平均风速为1.9 m/s,风速的空间分布差异较大,风速最大的太华山气象站年平均风速为4.6 m/s,最小的景洪气象站仅为0.7 m/s(图3.1)。

　　云南省年平均风速的空间分布有如下特点:

　　(1)北部大于南部。滇中及其以北地区风速明显大于滇西南地区。

　　(2)东部大于西部。以哀牢山为界,以东地区风速较大,一般在2~4 m/s;以西地区风速较小,除少数测站以外,一般不超过2 m/s。

　　(3)海拔较高的地方风速大,海拔较低的地方风速小。坝区和山谷地带风速一般比较小,高山顶部风速较大。历史上气象部门的风速观测记录的最大值出现在高黎贡山顶部,年平均风速达8.7 m/s。

　　省内风速较大的站点集中在丽江市、大理州、楚雄州、昆明市、红河州中北部、曲靖市等地,年平均风速一般在2.0~2.5 m/s,其中剑川、大姚、双柏、砚山、丽江、红河、马龙、个旧、祥云、太华山10个站年平均风速在3.0 m/s以上。

　　省内风速较小的地区在西双版纳州、普洱市、红河州南部、德宏州、怒江州等地及昭通市的河谷地带,年平均风速一般在1.5 m/s以下。其中景东、永善、贡山、福贡、景洪、勐腊、盐津、威信、镇沅、耿马、西盟、景谷、绥江、瑞丽、潞西、澜沧、思茅17个站点年平均风速不到1.0 m/s。

　　省内其他站点年平均风速一般在1.5~2.0 m/s之间。

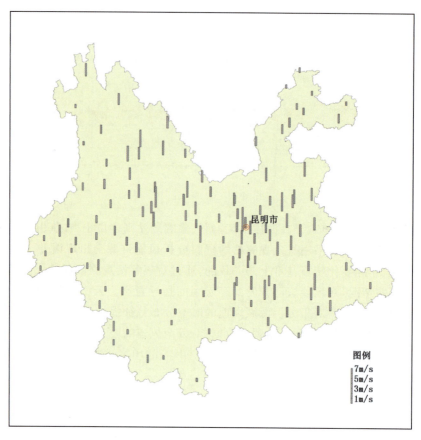

图 3.1 云南各气象站点年平均风速地理分布

3.1.2 大风月平均风速

3 月是云南风速最大的时期,全省平均风速为 2.6 m/s。

大风月平均风速的地理分布基本上与年平均风速的分布趋势一致,大风区分布在丽江市、大理州、楚雄州南部、昆明市、玉溪市、昭通市南部、曲靖市、红河州和文山州北部。有 30 个站点平均风速在 3.5 m/s 以上,平均风速最大的太华山气象站平均风速达 7.3 m/s(图 3.2)。

3.1.3 小风月平均风速

8 月是云南风速最小的时期,全省平均风速为 1.4 m/s。

小风月风速的空间分布特点是:小风区主要分布在滇西南和滇东北、滇西北的河谷地区。全省有 25 个站点平均风速小于 1.0 m/s,平均风速最小的景东、永善、西盟、景洪、福贡、景谷 6 个站点平均风速小于 0.7 m/s(图 3.3)。

第3章 区域风速的时空分布特征

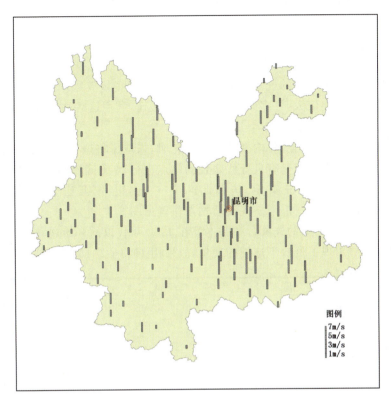

图3.2 云南各气象站点3月平均风速地理分布

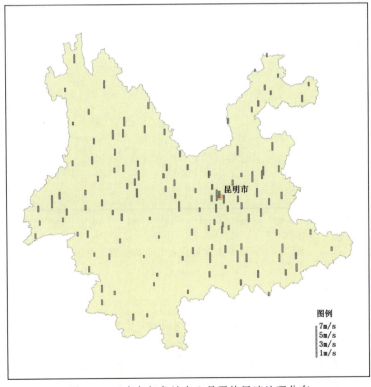

图3.3 云南各气象站点8月平均风速地理分布

3.2 年际变化

风速是对环境变化最敏感的气象要素之一。由于绝大多数气象观测站均建在城郊,城市的发展对观测环境的影响较大,许多站点不得不进行搬迁,利用这些站点进行年际变化分析存在较大的不连续性和不客观性。

因此,本章在分析年际变化、年内变化和日变化时,采取了将全省分为6个区域,选择资料连续、环境变化轻微、对本区域具有良好代表性的站点进行,6个区域的代表站点分别是:滇东北区域——沾益、滇中区域——武定、滇西北区域——剑川、滇西区域——祥云、滇西南区域——临沧和滇东南区域——广南。代表性站点位置见图3.4。

需要说明的是,虽然云南的气象台站基本都在1960年代以前开始观测,但由于1970年前后气象观测仪器变更出现了资料不连续的现象,故采用1971—2010年的资料分析年际变化。

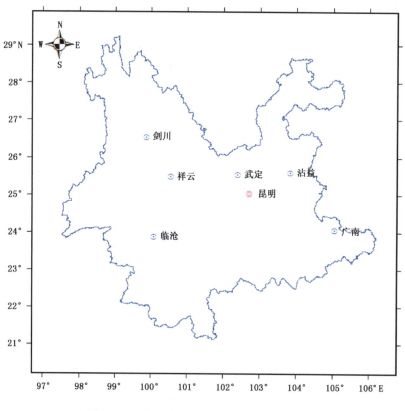

图 3.4 云南6个区域代表气象站位置示意图

3.2.1 一般性特征

取6个区域代表站的平均值代表全省年平均风速,其变化趋势见图3.5。从图中可以看到,年平均风速1971—2010年间呈显著减小的趋势(通过0.01的显著性检验),风速减小时段主要出现在1990年代以后。风速的最大值出现在1984年,为2.8 m/s;最小值出现在1999年,为2.2 m/s,两者相差0.6 m/s。

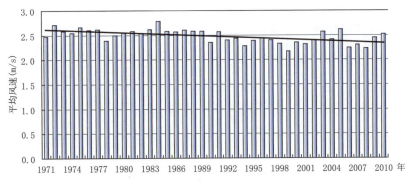

图 3.5 1971—2010 年云南 6 个区域代表气象站平均风速年际变化

3.2.2 分区域特征

以 6 个代表气象站分析所代表区域的风速年际变化。

3.2.2.1 滇东北

沾益气象站 1971—2010 年平均风速年际变化见图 3.6。

由图可见,滇东北地区 1971—2010 年风速变化趋势不明显,年际变化也较平缓,多在 2.5～3.0 m/s 间变化,其最大值出现在 1973 年,为 3.2 m/s,最小值出现在 1982 年,为 2.4 m/s,两者相差 0.8 m/s。

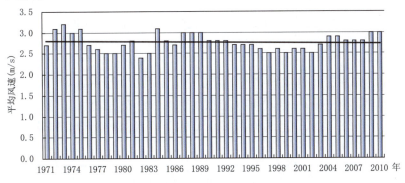

图 3.6 1971—2010 年沾益气象站平均风速年际变化

3.2.2.2 滇中

武定气象站 1971—2010 年平均风速年际变化见图 3.7。

由图可见,滇中地区 1971—2010 年风速呈显著减小趋势(通过 0.01 的显著性检验),风速减小主要出现在 1990 年代以后。其最大值出现在 1972 年、1977 年、1984 年和 1985 年,为 2.8 m/s,最小值出现在 2006 年,为 2.3 m/s,两者相差 0.5 m/s。

3.2.2.3 滇西北

剑川气象站 1971—2010 年平均风速年际变化见图 3.8。

由图可见,滇西北地区 1971—2010 年风速呈显著减小趋势(通过 0.01 的显著性检验),风速减小主要出现在 1990 年代以后。其最大值出现在 1977 年、1983 年、1984 年和 1988 年,为 3.4 m/s,最小值出现在 1999 年,为 2.5 m/s,两者相差 0.9 m/s。

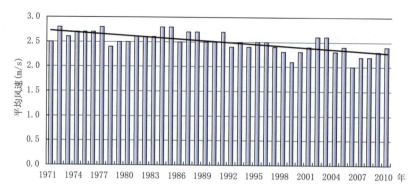

图 3.7　1971—2010 年武定气象站平均风速年际变化

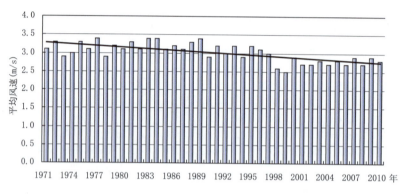

图 3.8　1971—2010 年剑川气象站平均风速年际变化

3.2.2.4　滇西

祥云气象站 1971—2010 年平均风速年际变化见图 3.9。

由图可见,滇西地区 1971—2010 年风速呈显著减小趋势(通过 0.01 的显著性检验),风速减小主要出现在 1990 年代以后。其最大值出现在 2005 年,为 4.6 m/s,最小值出现在 2001 年和 2008 年,为 3.3 m/s,两者相差 1.3 m/s。

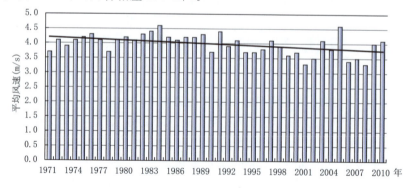

图 3.9　1971—2010 年祥云气象站平均风速年际变化

3.2.2.5　滇西南

临沧气象站 1971—2010 年平均风速年际变化见图 3.10。

由图可见,滇西南地区 1971—2010 年风速呈显著减小趋势(通过 0.01 的显著性检验),在

1980年代后期至1990年代中期出现小风期,其后又逐渐增大,在2000年代中期达到最大值后又有所减小。其最大值出现在2005年,为1.4 m/s,最小值出现在1990年、1994年和1995年,为0.8 m/s,两者相差0.6 m/s。

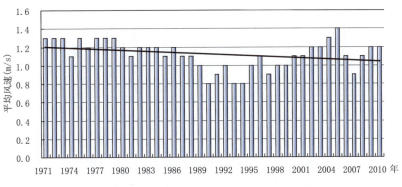

图3.10　1971—2010年临沧气象站平均风速年际变化

3.2.2.6　滇东南

广南气象站1971—2010年平均风速年际变化见图3.11。

由图可见,滇东南地区1971—2010年风速变化趋势不显著,但波动较明显,与滇西南区域较为一致。在1980年代后期至1990年代前期出现了小风期,而在1990年代后期又呈增大趋势,到了2000年代前期达到最大值后又有所减小。其最大值出现在2003年,为2.0 m/s,最小值出现在1988年、1994年和1995年,为1.2 m/s,两者相差0.8 m/s。

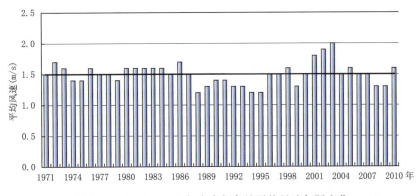

图3.11　1971—2010年广南气象站平均风速年际变化

3.3　年内变化

3.3.1　一般性特征

云南的平均风速具有明显的年内变化特征:1—5月是大风季,全省平均风速在2.0 m/s以上,风速最大的3月为2.6 m/s。8—11月是小风季,平均风速基本在1.5 m/s以下,其中风速最小的8月仅1.4 m/s(图3.12)。

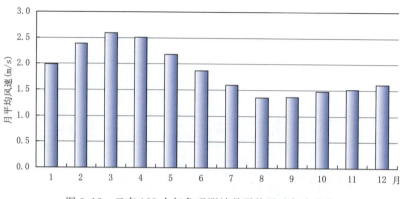

图 3.12　云南 125 个气象观测站月平均风速年内变化

在云南的气候特征中,季风气候特征(干雨季分明)是较为突出的。一般来说,5—10 月为雨季,11 月至翌年 4 月为干季。雨季风速小,干季风速大。这是因为 9 月中下旬入秋后,随着太阳直射点向南半球移动,西风带系统逐渐增强并向南扩展,到 10 月下旬,南支西风急流带就已在青藏高原南部建立。因云南为高原山地,境内大部地区海拔高,且省内重要山系此时恰好与南支西风急流带呈相交之势,因此高空的强西风急流动量下传,造成近地面风速增大;冬季时南支西风达到最强,但由于动量下传有一定的时间滞后,致使春季时的地面风速进一步加大;随着季节的变换,南支西风在 5 月逐渐减弱,约在 6 月上中旬消失,云南进入雨季,地面风速逐渐减弱到最小。因此,一般将包含冬、春季节的 12 月至翌年 5 月称为云南风季。

3.3.2　分区域特征

以 6 个代表气象站分析所代表区域的风速年内变化。

3.3.2.1　滇东北

沾益气象站平均风速年内变化见图 3.13。

如图所示,滇东北区域年内变化趋势与全省平均完全一致,但风速的绝对值明显偏大。沾益气象站年平均风速 2.8 m/s,最大风速出现在 3 月,达 3.6 m/s,其后逐渐减小,在 8 月出现最小值 2.1 m/s 后又开始增大,最大值与最小值相比为 1.77 倍。

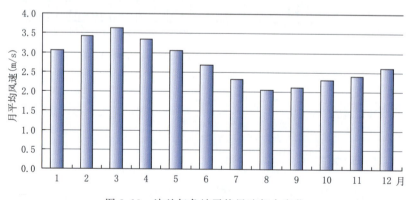

图 3.13　沾益气象站平均风速年内变化

3.3.2.2 滇中

武定气象站平均风速年内变化见图3.14。

滇中区域年内变化趋势与全省平均基本一致,风速的绝对值偏大,但小于滇东北区域。武定气象站年平均风速2.5 m/s,最大风速出现在3月,达3.4 m/s,其后逐渐减小,在8月出现最小值1.50 m/s后又开始增大,最大值与最小值相比为2.27倍。

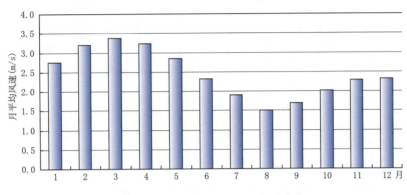

图3.14 武定气象站平均风速年内变化

3.3.2.3 滇西北

剑川气象站平均风速年内变化见图3.15。

滇西北区域年内变化趋势与全省平均基本一致,风速的绝对值略大,但小于滇东北区域。剑川气象站年平均风速3.0 m/s,最大风速出现在3月,达3.8 m/s,4—5月逐渐减小,在6月出现第二个高值,其后再度减小,在8月出现最小值2.0 m/s后又开始增大,最大值与最小值相比为1.9倍。

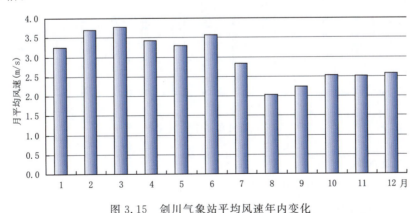

图3.15 剑川气象站平均风速年内变化

3.3.2.4 滇西

祥云气象站平均风速年内变化见图3.16。

滇西区域年内变化趋势与全省平均基本一致,风速的绝对值偏大,是省内风速最大的区域。祥云气象站年平均风速4.0 m/s,最大风速出现在3月,达5.3 m/s,随后逐渐减小,在8月出现最小值2.1 m/s后又开始增大,最大值与最小值相比为2.52倍,是省内风速差最大的区域。

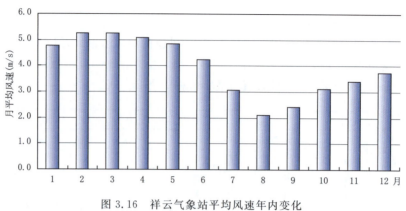

图 3.16　祥云气象站平均风速年内变化

3.3.2.5　滇西南

临沧气象站平均风速年内变化见图 3.17。

滇西南区域年内变化趋势与全省平均一致性较差,风速的绝对值偏小,是省内风速最小的区域。临沧气象站年平均风速 1.1 m/s,最大风速出现在 3 月,为 1.6 m/s,随后逐渐减小,到 7 月出现相对小的值,并在低位持续,在 12 月进一步达到最小值 0.7 m/s,其后快速增大,最大值与最小值相比为 2.16 倍。

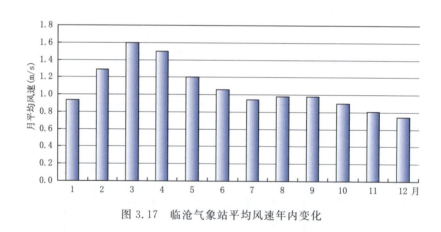

图 3.17　临沧气象站平均风速年内变化

3.3.2.6　滇东南

广南气象站平均风速年内变化见图 3.18。

滇东南区域年内变化趋势与全省平均相对一致,风速的绝对值偏小,是省内风速次小的区域,仅大于滇西南地区。广南气象站年平均风速 1.5 m/s,最大风速出现在 3 月,为 2.2 m/s,随后逐渐减小,到 9 月出现最小值 1.1 m/s,其后缓慢增大,12 月以后增速加大,最大值与最小值相比为 2.0 倍。

第 3 章 区域风速的时空分布特征

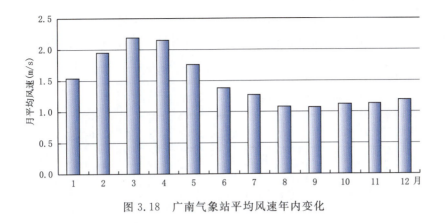

图 3.18 广南气象站平均风速年内变化

3.4 日变化

3.4.1 一般性特征

对 6 个代表区域的站点 2010 年 1 月 1 日至 12 月 31 日逐小时风速计算平均值,得到全省代表性风速的日变化情况,见图 3.19。

由图可见,由于气象站点地处坝区,风速日变化呈明显的午间大夜间小的特征。平均风速在 06—08 时最小,在日出以后快速增大,在 16—17 时达到最大,其后迅速减小,在日落以后减速放缓。最大值 4.1 m/s 与最小值 1.5 m/s 相比为 2.73 倍。

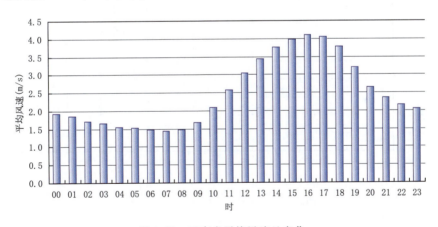

图 3.19 云南省平均风速日变化

3.4.2 分区域特征

以 6 个代表气象站分析所代表区域的风速日变化。

3.4.2.1 滇东北

沾益气象站平均风速年内变化见图 3.20。

如图所示,滇东北区域风速日变化趋势与全省平均基本一致,风速最小值出现在 06—07

时,其后增速较全省平均趋缓,最大值出现在 16—17 时。风速最大值 4.4 m/s 与最小值 2.1 m/s 相比为 2.1 倍,相对变幅较全省平均值小,是全省各区域中相对变幅最小的地区。

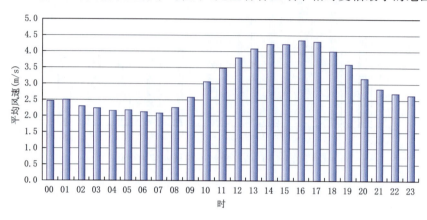

图 3.20 沾益气象站平均风速日变化

3.4.2.2 滇中

武定气象站平均风速日变化见图 3.21。

如图所示,滇中区域风速日变化趋势与全省平均基本一致,风速最小值出现在 06—08 时,以后的增速较全省平均快,最大值出现在 15—17 时。最大值 4.2 m/s 与最小值 1.2 m/s 相比为 3.5 倍,相对变幅比全省平均大。

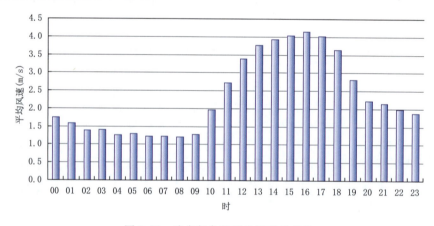

图 3.21 武定气象站平均风速日变化

3.4.2.3 滇西北

剑川气象站平均风速日变化见图 3.22。

如图所示,滇西北区域风速日变化趋势与全省平均基本一致,风速最小值出现在 07—09 时,其后的增速较全省平均快,最大值出现在 16—17 时。最大值 5.0 m/s 与最小值 1.3 m/s 相比为 3.85 倍,是全省相对变幅最大的区域。

3.4.2.4 滇西

祥云气象站平均风速日变化见图 3.23。

如图所示,滇西区域风速日变化趋势与全省平均基本一致,风速最小值出现在 06—08 时,其后的增速较全省平均快,最大值出现在 15—17 时。最大值 5.9 m/s 与最小值 2.5 m/s 相比为 2.39 倍,相对变幅较全省平均小。

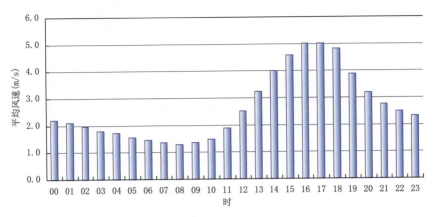

图 3.22　剑川气象站平均风速日变化

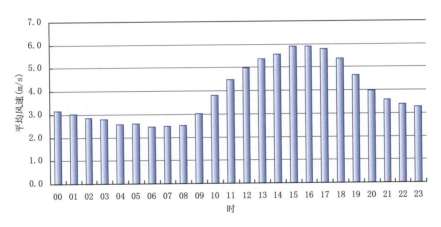

图 3.23　祥云气象站平均风速日变化

3.4.2.5　滇西南

临沧气象站平均风速日变化见图 3.24。

如图所示,滇西南区域风速日变化趋势与全省平均基本一致,风速最小值出现在 05—08 时,其后的增速较全省平均快,最大值出现在 15—17 时。最大值 2.4 m/s 与最小值 0.6 m/s 相比为 4.0 倍,是全省相对变幅次大的区域。

3.4.2.6　滇东南

广南气象站平均风速日变化见图 3.25。

如图所示,滇东南区域风速日变化趋势与全省平均基本一致,风速最小值出现在 07—08 时,其后的增速较全省平均快,最大值出现在 15—17 时。最大值 2.8 m/s 与最小值 0.8 m/s 相比为 3.5 倍,相对变幅大于全省平均。

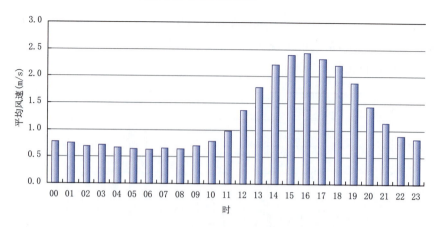

图 3.24 临沧气象站平均风速日变化

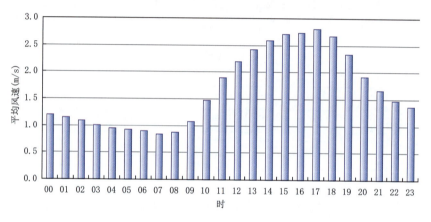

图 3.25 广南气象站平均风速日变化

第4章 风能资源详查和评价

过去的风能资源评价工作都是基于气象观测站观测数据开展,其代表性受到很大限制。特别是在云南高原山地,由于气象站所处的位置均为山间小盆地,而风能资源良好的地区都在山区,气象站观测数据不能代表该区域的真实风况。

为了更好地查清全国的风能资源状况,真实评价全国风能资源的总量和技术可开发量,2007年中国气象局启动了《全国风能资源详查和评价》项目。该项目在全国建设400余个测风塔,开展两年的风能资源观测,完成全国风能的详查任务。

根据该项目的安排,云南省气候中心负责云南省的工作任务,具体开展了以下工作:

(1)选择8个具有区域代表性的风能资源详查区,在每个详查区各设立1个测风塔,组成云南省风能资源观测网。

(2)对各详查区开展不少于连续2年的风能资源观测。

(3)实时接收测风数据并建立风能资源数据库。

(4)通过对测风数据的分析计算及数值模拟,给出云南风能资源综合评价。

该项目为云南省开展风能资源精细化评价打下了基础,通过项目实施,获得了云南省风能资源更精细化的评价成果:绘制了云南风能资源精细化图谱,估算出云南风能资源的技术可开发量,并编制风能资源详查和评估报告。

本章介绍该项目基本情况和取得的主要成果。

4.1 观测网建设

4.1.1 观测塔址选择

按照中国气象局《风能资源详查和评价工作测风塔选址技术指南》确定的技术要求,云南省气候中心按以下程序开展了选址工作:

(1)根据前期对云南省风能资源分析结果,针对风能资源丰富区,在1:25万和1:5万电子地图上进行测风塔址图上初选工作,勾画出测风塔的拟选区域。

(2)开展测风塔现场勘察初选工作,考察地形、地貌、土地利用状况、电网、交通、地质结构等,采取多选方案,确定出若干个可供选择的测风塔位置,同时考虑尽量避开自然保护区、矿藏覆盖区、军事设施、经济开发区、宗教活动区等敏感目标和规划用地。

(3)在初选基础上,开展实地勘察,最终确定测风塔的具体位置。

最终选择的 8 个测风塔位置，分别编号 1♯～8♯，各测风塔的位置见图 4.1。

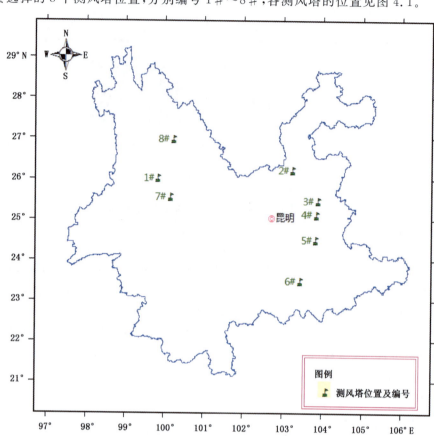

图 4.1　测风塔位置示意图

4.1.2　测量要素及高度

在 8 个测风塔中，1♯～6♯测风塔塔高为 70 m，7♯和 8♯测风塔塔高为 100 m。

根据国家标准(GB/T18709—2002)和国家发改委下发的《风电场风能资源测量和评估技术规定》要求，结合当前主要风机机型、轮毂高度以及未来风机发展趋势，并考虑各地气候特征和风能资源评估技术发展需要，确定各类测风塔仪器观测层次和设置。

4.1.2.1　70 m 测风塔

——风速传感器安装在 10 m、30 m、50 m、70 m 高度；
——风向传感器安装在 10 m、50 m、70 m 高度；
——温湿度传感器安装在 10 m 和 70 m 高度；
——气压传感器安装在 8.5 m 高度。

4.1.2.2　100 m 测风塔

——风速传感器安装在 10 m、30 m、50 m、70 m、100 m 高度；
——风向传感器安装在 10 m、50 m、70 m、100 m 高度；
——温湿度传感器安装在 10 m 和 70 m 高度；

——气压传感器安装在 8.5 m 高度。

4.1.2.3　超声测风仪

——在 7#测风塔 70 m 高度层安装了超声测风仪。

各测风塔设置情况见表 4.1。

表 4.1　各测风塔设置基本情况（单位：m）

测风塔名称	海拔高度	塔体高度	风速层	风向层	温湿度层	气压层
1#	3200	70	10/30/50/70	10/50/70	10/70	8.5
2#	3600	70	10/30/50/70	10/50/70	10/70	8.5
3#	2380	70	10/30/50/70	10/50/70	10/70	8.5
4#	2180	70	10/30/50/70	10/50/70	10/70	8.5
5#	2340	70	10/30/50/70	10/50/70	10/70	8.5
6#	2190	70	10/30/50/70	10/50/70	10/70	8.5
7#	2900	100	10/30/50/70/100	10/50/70	10/70	8.5
8#	2550	100	10/30/50/70/100	10/50/70	10/70	8.5

4.2　风能资源分析

4.2.1　风能资源综述

经过 2 年多的观测，获得了 2 个完整年的观测数据，建立了风能资源数据库。

按照相关技术规范对观测数据进行了检验、订正及分析评估，获得了各测风塔风速及风能资源的基本情况（表 4.2）。

从表中可以看出，除 8#测风塔以外，所选测量点 70 m 高度上的平均风速均在 5.9 m/s 以上，最大的 1#测风塔达 9.4 m/s；平均风功率密度在 169.1 W/m² 以上，最大的 1#测风塔达 636.6 W/m²。

表 4.2　各详查区 70 m 高度风能参数表

测风塔名称	测风高度 (m)	3～25 m/s 时数比例 (%)	平均风速 (m/s)	最大风速 (m/s)	极大风速 (m/s)	平均风功率密度 (W/m²)	有效风功率密度 (W/m²)	风能密度 (kW·h/m²)
1#	70	94	9.4	29.4	36.0	636.6	668.1	5574.0
2#	70	85	8.2	34.3	40.0	484.8	564.2	4244.8
3#	70	89	7.1	23.6	29.0	293.0	330.5	2565.5
4#	70	87	6.4	20.7	27.0	219.5	250.6	1921.8
5#	70	92	8.2	35.7	57.2	513.7	491.9	4498.4
6#	70	85	5.9	20.8	27.3	169.1	196.8	1480.4
7#	70	95	8.3	30.8	54.7	418.8	395.6	3667.0
8#	70	69	4.4	31.0	57.2	114.8	79.3	694.7

4.2.2 风速和风功率密度年内变化

图 4.2.1 至图 4.2.8 给出了 8 个测风塔风速和风功率密度年内变化。

从图中可以看到,各测风塔月平均风速年内变化都呈现出明显的两季风特征:在 12 月至次年 5 月风速较大,属大风季,而 6—11 月风速较小,为小风季。最大风速出现在 2—4 月,而最小风速出现在 7—9 月。最大月与最小月平均风速之比一般在 2～3 倍,风功率密度之比一般在 7～8 倍,最大的可达 10 倍以上。

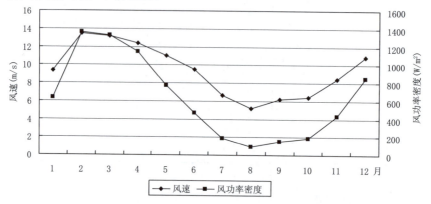

图 4.2.1　1#测风塔 70 m 月平均风速和风功率密度年内变化

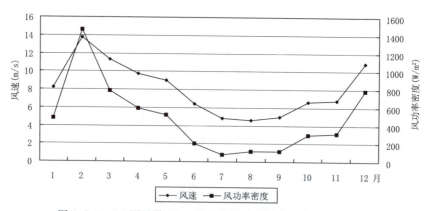

图 4.2.2　2#测风塔 70 m 月平均风速和风功率密度年内变化

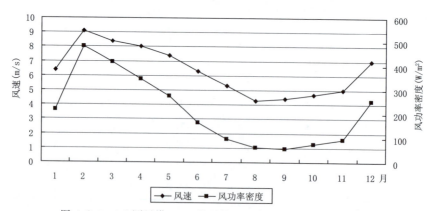

图 4.2.3　3#测风塔 70 m 月平均风速和风功率密度年内变化

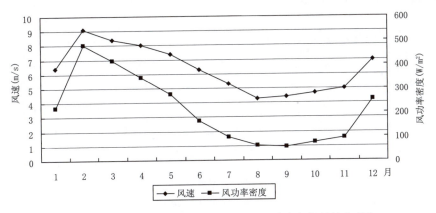

图 4.2.4　4♯测风塔 70m 月平均风速和风功率密度年内变化

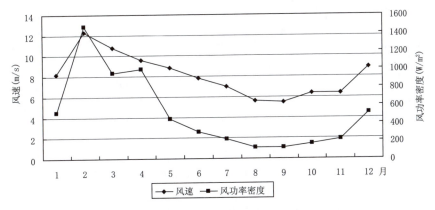

图 4.2.5　5♯测风塔 70m 月平均风速和风功率密度年内变化

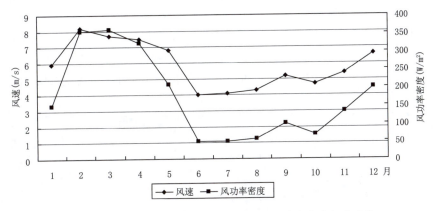

图 4.2.6　6♯测风塔 70m 月平均风速和风功率密度年内变化

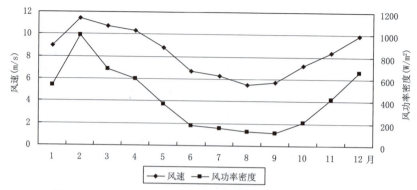

图 4.2.7　7#测风塔 70 m 月平均风速和风功率密度年内变化

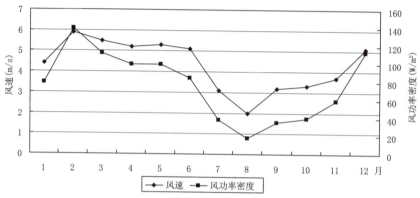

图 4.2.8　8#测风塔 70 m 月平均风速和风功率密度年内变化

4.2.3　风速和风功率密度的日变化

风速和风功率密度的日变化情况要复杂得多，根据地理位置、海拔高度、地形情况、成风条件等诸多因素呈现出不同的特征。

1#测风塔地处滇西高海拔地区，风速在 09—10 时最小，在午后 17—19 时达到最大，随后缓慢减小，呈单峰谷特征，其分布与气象站点有一定的一致性（图 4.3.1）。

日内最大值（18 时）与最小值（10 时）风速之比为 1.51 倍，风功率密度之比为 3.3 倍。

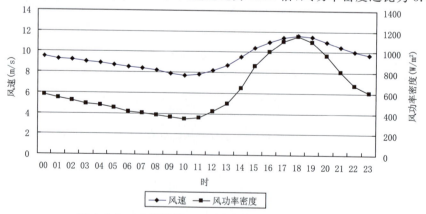

图 4.3.1　1#测风塔 70 m 风速和风功率密度日变化

2#测风塔处于滇东北高海拔山区,风速的日变化呈现出峰谷不明显、变化较均衡的特征(图4.3.2)。

日内最大值(15时)与最小值(09时)风速之比仅为1.06倍,风功率密度之比仅为1.12倍。

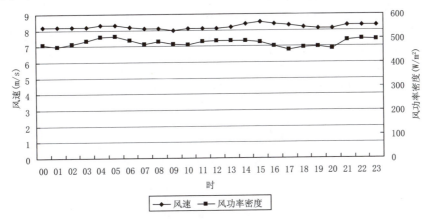

图4.3.2 2#测风塔70m风速和风功率密度日变化

3#测风塔位于滇东的高山脊,风速的日变化呈现出与气象站风速基本相反的单峰谷特征(图4.3.3)。在10—12时最小,21—24时最大。

日内最大值(22时)与最小值(11时)风速之比仅为1.36倍,风功率密度之比为1.86倍。

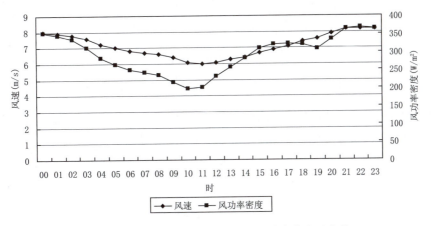

图4.3.3 3#测风塔70m风速和风功率密度日变化

4#测风塔位于滇东的坝区边缘高山上,风速的日变化呈现出与气象站风速非常不一致的单峰谷特征(图4.3.4),在06—09时最小,22—24时最大。由于风速频率的不一致,风功率密度出现了较明显的双峰谷特征。

日内最大值(24时)与最小值(07时)风速之比仅为1.22倍,风功率密度之比为1.37倍。

5#测风塔位于滇东的高山山脊上,风速的日变化呈现出与其他情况不一致的特征(图4.3.5),在08—10时最小,13—15时最大。由于正午时分风速增大较快,风功率密度的峰值特征十分明显。

日内最大值(14时)与最小值(08时)风速之比仅为1.27倍,风功率密度之比为3.44倍。

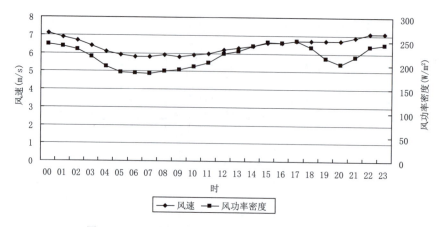

图 4.3.4　4#测风塔 70 m 风速和风功率密度日变化

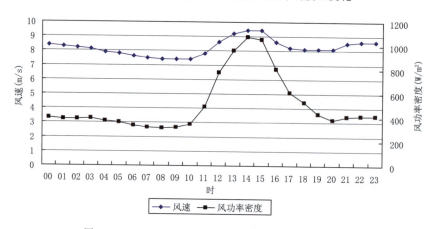

图 4.3.5　5#测风塔 70 m 风速和风功率密度日变化

6#测风塔位于滇东南的坝区边缘高山上,风速的日变化呈现出与气象站风速基本一致的单峰谷特征(图 4.3.6),在 09 时前后最小,午夜 16—18 时最大。

日内最大值(14 时)与最小值(07 时)风速之比仅为 1.44 倍,风功率密度之比仅为 2.66 倍。

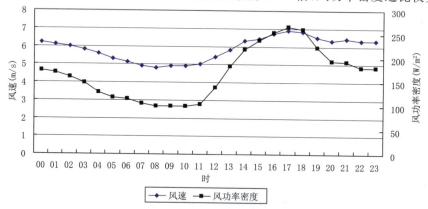

图 4.3.6　6#测风塔 70 m 风速和风功率密度日变化

7#测风塔位于滇西的高山山脊上,风速的日变化呈现出与气象站风速非常不一致的单峰谷特征（图4.3.7），在11时出现最小值后逐渐增大，在16时前后出现最大值。风速的变化比较平稳，但由于风速频率的不一致，风功率密度的变化较风速明显。

日内最大值（16时）与最小值（11时）风速之比仅为1.30倍，风功率密度之比为3.38倍。

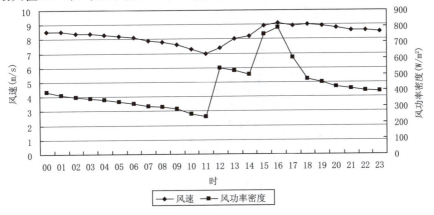

图4.3.7　7#测风塔70m风速和风功率密度日变化

8#测风塔位于滇西北坝区，风速的日变化基本与气象站风速一致，呈单峰谷特征（图4.3.8），在08—09时最小，16—17时最大。由于整体上风速较小，风功率密度的日变化比较平稳，与风速非常一致。

日内最大值（16时）与最小值（08时）风速之比仅为1.79倍，风功率密度之比为2.75倍。

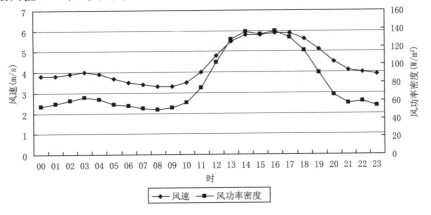

图4.3.8　8#测风塔70m风速和风功率密度日变化

4.2.4　风速和风能频率分布

风速和风能频率的分布表示出风速或风能可利用的区间，提示风能的可利用情况和效率。一般而言，在有效风速段内可利用的频率越大，表明可利用的风速越多，而有效风速段内可利用的风能密度越大，则表示效率越高。但应当注意的是，风速和风能的频率分布仅说明了在该地区风况的情况下的可利用性和效率，并不直接与风速和风能的大小挂钩。

(1) 在切入风速以下的风速是不能够利用的。

(2) 在额定风速（一般为10~12m/s）以上的风速实际可利用的风速均为额定风速，因此，其有效性亦受到一定限制。

(3)在切出风速以上的风能并不能够被利用。

图 4.4.1 至图 4.4.8 是各测风塔风速和风能频率分布,图中所示的风速段定义如下:以 0 风速段代表 0～0.4 m/s,以后每一段均增加 1 m/s 为区间,如 1 风速段为 0.5～1.4 m/s,2 风速段为 1.5～2.4 m/s,以此类推。其中 26 风速段＞25.5 m/s 的所有风速。

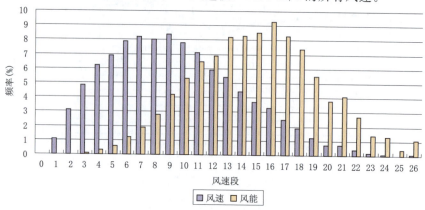

图 4.4.1　1♯测风塔 70 m 风速和风功率密度频率分布

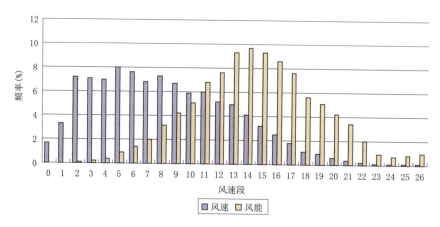

图 4.4.2　2♯测风塔 70 m 风速和风功率密度频率分布

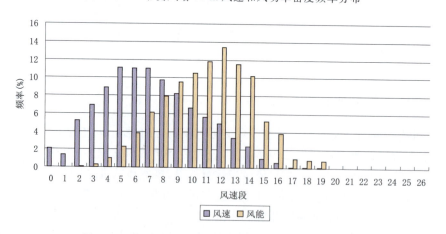

图 4.4.3　3♯测风塔 70 m 风速和风功率密度频率分布

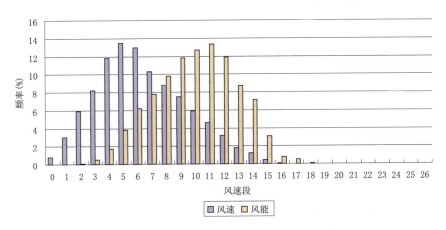

图 4.4.4　4♯测风塔 70 m 风速和风功率密度频率分布

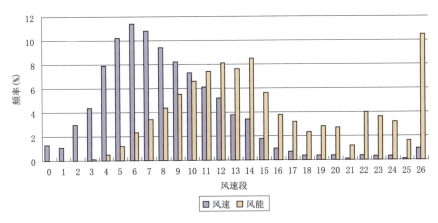

图 4.4.5　5♯测风塔 70 m 风速和风功率密度频率分布

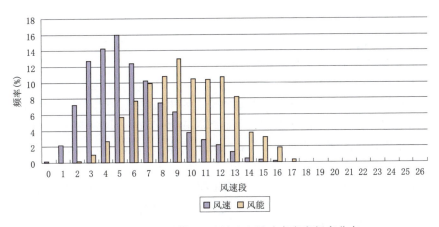

图 4.4.6　6♯测风塔 70 m 风速和风功率密度频率分布

从图中可以看到,8个测风塔虽风速和风能各有大小,但其频率分布总体上是一致的,因为风能与风速的3次方成正比,各测风塔各高度的风速频率一般多集中在小风段,而风能频率一般多集中在大风段。

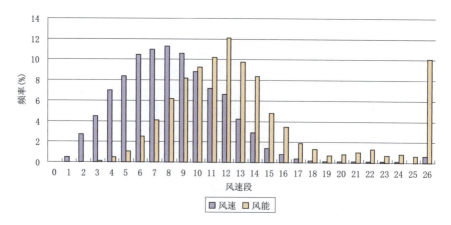

图 4.4.7　7#测风塔 70 m 风速和风功率密度频率分布

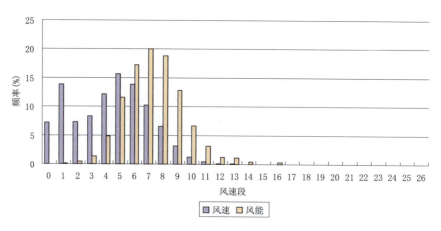

图 4.4.8　8#测风塔 70 m 风速和风功率密度频率分布

各测风塔有效风速(风速在 3.5～25.5 m/s 区间)频率都在 70%以上,绝大部分超过 90%,且频率较大的风速段大致集中在 4～12 m/s。风能频率的分布与风速频率的分布具有明显的差异,风能频率较高的风速段大多主要集中在 6～14 m/s。

1#测风塔总有效风速频率为 95.7%,风能频率为 99.0%,风速频率集中在 3.5～16.4 m/s,风能频率集中在 9.5～21.4 m/s。无效风速主要出现在低于切入风速的区间。

2#测风塔总有效风速频率为 87.7%,风能频率为 99.0%,风速频率集中在 3.5～15.4 m/s,风能频率集中在 8.5～21.4 m/s。无效风速主要出现在低于切入风速的区间,占有较大比例。

3#测风塔总有效风速频率为 91.5%,风能频率为 99.9%,风速频率集中在 3.5～13.4 m/s,风能频率集中在 6.5～16.4 m/s。无效风速基本出现在低于切入风速的区间。

4#测风塔总有效风速频率为 90.3%,风能频率为 99.6%,风速频率集中在 3.5～12.4 m/s,风能频率集中在 5.5～15.4 m/s。无效风速基本出现在低于切入风速的区间。

5#测风塔总有效风速频率为 94.0%,风能频率为 89.6%,风速频率集中在 3.5～14.4 m/s,风能频率集中在 7.5～17.4 m/s。无效风速主要出现在低于切入风速的区间,但在大风时段上风能频率较大,26 风速段的风能频率超过 10%,即大于 25.5 m/s 的风能频率占有较大比例。

6#测风塔总有效风速频率为90.4%,风能频率为99.7%,风速频率集中在3.5~10.4 m/s,风能频率集中在5.5~15.4 m/s。无效风速基本出现在低于切入风速的区间。

7#测风塔总有效风速频率为96.4%,风能频率为89.9%,风速频率集中在3.5~13.4 m/s,风能频率集中在7.5~16.4 m/s。无效风速主要出现在低于切入风速的区间,但在大风时段上风能频率较大,26风速段达到了10%,即大于25.5 m/s的频率占有较大比例。

8#测风塔总有效风速频率为71.6%,风能频率为99.6%,风速频率集中在3.5~9.4 m/s,风能频率集中在4.5~11.4 m/s。无效风速比例较大,接近30%,基本出现在低于切入风速的区间。

4.2.5 风向和风能密度方向分布

风能密度分布是指设定时段各方位的风能密度占全方位总风能密度的百分比,风向集中有助于减少风机的偏航操作,有利于风机的运行安全和效率的提高。

在70 m高度上,各测风塔全年12个月的风向及风能密度方向主要集中SSE—NNW区间(图4.5.1至图4.5.8),除了8#外其他测风塔在SSW—W区间上的频率都达到38%以上,在雨季(8—10月),各测风塔NE—SE方向的风向、风能密度有所增加。

1#测风塔70 m高度SW—WSW方向风速频率为86.7%,风能密度频率为95.8%,主导风方向非常明显。

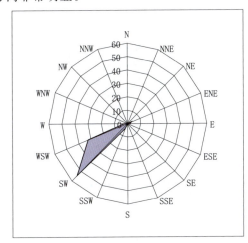 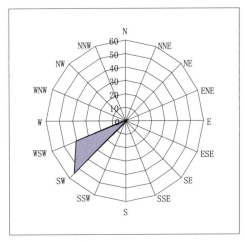

图4.5.1　1#测风塔70 m风向(左)和风能密度方向(右)分布

2#测风塔70 m高度SW—WSW方向风速频率为76.9%,风能密度频率为89.2%,主导风方向非常明显。

3#测风塔70 m高度SW—WSW方向风速频率为40.1%,风能密度频率为66.6%,主导风方向亦较明显,但在其他方向上仍有些分量,在S—SSW方向上风速频率超过10%,风能也基本在5%以上。

4#测风塔70 m高度SW—WSW方向风速和风能密度频率分别占到38.8%和57.2%,虽然仍以西南风为主,但在ESE—SSE方向上分布为28.8%和19.8%,出现了第二主导风向,这一点显示了滇东区域与滇西区域的差异。

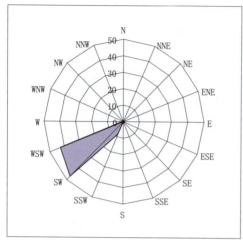
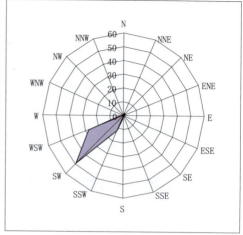

图 4.5.2　2#测风塔 70 m 风向（左）和风能密度方向（右）分布

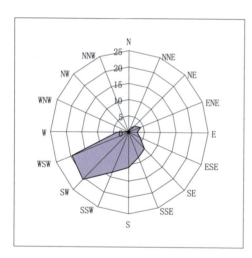
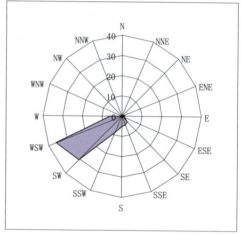

图 4.5.3　3#测风塔 70 m 风向（左）和风能密度方向（右）分布

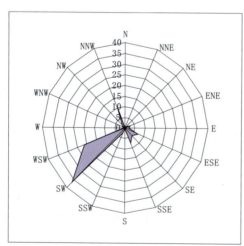
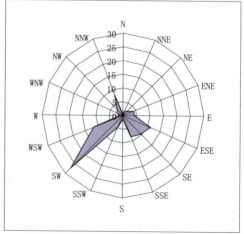

图 4.5.4　4#测风塔 70 m 风向（左）和风能密度方向（右）分布

5#测风塔的情况与4#测风塔相似,在70 m高度SW—WSW方向风速和风能密度频率占到30.6%和50.1%,虽然仍以西南风为主,但在SE—S方向上分布为32.9%和18.6%,出现了第二主导风向。

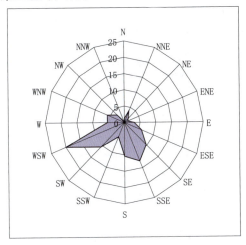 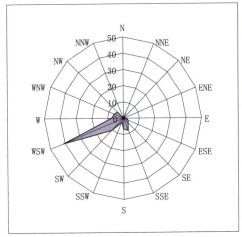

图4.5.5　5#测风塔70 m风向(左)和风能密度方向(右)分布

6#测风塔显示出滇东南区域的特征,虽然风向比较分散,但在风能上则较为集中,表明在非主导风方向上风速较小。在70 m高度上SW—WSW方向风速和风能密度频率分别占到39.4%和69.0%。

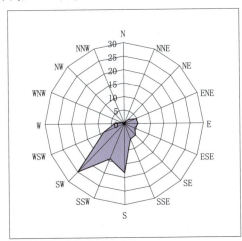 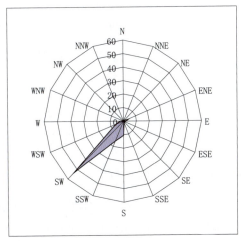

图4.5.6　6#测风塔50 m风向(左)和风能密度方向(右)分布

7#测风塔显示出滇西区域的特征,与1#塔相似,主导风向非常明显。在70 m高度上W—SW方向风速和风能密度频率分别占到82.7%和92.0%。

8#测风塔显示出滇西北区域和坝区的特征,风向比较零乱,仍以偏南风为主,但集中度不高。在70 m高度上SSE—SW 4个方向风速和风能密度频率占到80.5%和73.8%,在WSW—WNW方向也有一定的分布。

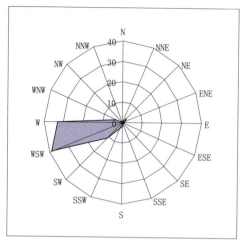
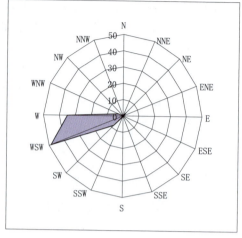

图 4.5.7　7#测风塔 70 m 风向(左)和风能密度方向(右)分布

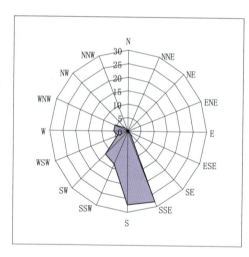
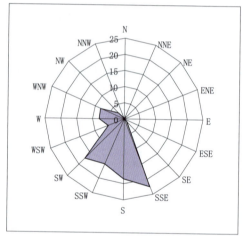

图 4.5.8　8#测风塔 70 m 风向(左)和风能密度方向(右)分布

4.2.6　风况参数分析

为了进一步分析风能资源的质量,对 8 个测风塔观测数据均进行了风况参数的分析,分析的参数有:风切变指数、湍流强度、Weibull 双参数分布和重现期最大风速(50 年一遇)等。

4.2.6.1　风切变指数

分析表明,各测风塔风切变情况并不一致,各高度层间的风切变指数也有大有小,这说明了在云南的风电场风况分布的复杂性(表 4.3)。其中 3#、5#、6#、7#测风塔各层间风速均为正切变,而 1#、2#、4#、测风塔在 70 m 高度层风速出现了负切变,8#测风塔在 50 m 和 70 m 风速层均出现了负切变,但在 100 m 高度层又呈正切变。

第 4 章　风能资源详查和评价

表 4.3　各测风塔各高度层间风速切变系数

塔号	1#	2#	3#	4#	5#	6#	7#	8#
10～30 m	0.064	0.045	0.175	0.295	0.229	0.038	0.097	0.147
30～50 m	0.128	0.070	0.178	0.117	0.054	0.330	0.025	−0.042
50～70 m	−0.031	−0.142	0.085	−0.224	0.305	0.051	0.109	−0.132
70～100 m	/	/	/	/	/	/	0.132	0.414
10～70/100 m	0.064	0.019	0.160	0.159	0.196	0.117	0.080	0.106

4.2.6.2　湍流强度

表 4.4 是测风塔各高度 15 m/s 风速段(14.6～15.5 m/s)的大气湍流强度。从表中可以看出,除 8# 测风塔以外,各测风塔所代表的区域总体上较小,按照 IEC 61400—1(2005)的定义,2#、3# 为中等湍流强度,1#、4#、5#、6# 和 7# 测风塔均为低湍流强度,这从一个方面说明云南风电场总体上湍流强度较低,适合建设风电场。

表 4.4　各测风塔 15 m/s 风速段 70 m 高度层湍流强度

测风塔名称	湍流强度
1#	0.07
2#	0.13
3#	0.13
4#	0.12
5#	0.10
6#	0.11
7#	0.09
8#	0.24

4.2.6.3　Weibull 分布参数

表 4.5 给出了各测风塔的 Weibull 分布双参数,其中 c 为尺度参数,反映分布的不对称性;k 为形状参数,描述分布曲线峰度的宽窄特征。

从表 4.5 可知,各测风塔 c 参数有比较大的差异,最大的 1# 塔达 10 m/s 以上,而最小的 8# 塔仅 4.91 m/s,表明各塔风速的差异较大。

k 参数则相对差异较小,仅 2# 和 8# 塔小于 2.0,其他均在 2.0 以上,且最大值均在 2.44 以下。

表 4.5　各测风塔 Weibull 分布双参数

测风塔名称	c(m/s)	k
1#	10.66	2.19
2#	9.25	1.79
3#	8.06	2.18
4#	7.27	2.20
5#	9.28	2.01
6#	6.62	2.20
7#	9.35	2.44
8#	4.91	1.73

4.2.6.4 最大风速重现期

参照中国气象局相关技术标准,推算出各测风塔 50 年一遇最大风速,并将最大风速折算到标准空气密度下的值,见表 4.6。

表 4.6 给出的标准空气密度下的 50 年一遇最大风速一般在 30 m/s 左右,最大的 1♯为 39.0 m/s,最小的 3♯为 27.1 m/s。按照 IEC 61400-1(2005)的规定,除 1♯测风塔为 IEC Ⅱ 类以外,其他均为 IEC Ⅲ 类。

需要特别说明的是,上述推算是基于国家规范推荐的极值 Ⅰ 型分布函数,推算出参证气象站 10 m 高度最大风速,再利用相关法推算测风塔各高度层的最大风速。实践证明这一方法对于云南的适用性不强,所得到的数据偏小。例如有观测记录表明实测风速常有大于 50 年一遇的最大风速情况,因此,在工程实践中,一般不采用上述方法。

表 4.6 各测风塔 50 年一遇最大风速推算值

测风塔名称	最大风速(m/s)	标准空气密度下最大风速(m/s)
1♯	46.6	39.0
2♯	41.4	33.8
3♯	31.3	27.1
4♯	37.8	33.1
5♯	42.4	36.9
6♯	34.1	29.9
7♯	44.1	37.2
8♯	39.7	34.0

4.3 风能资源的短期数值模拟分析评估

风能详查是风能资源评价的基础,通过上述工作我们可以获得各测风塔所代表区域的风况,但风能资源评价的最终目的并不限于获得代表区域的风能资源状况,而是要以测风塔的观测数据为基础,对区域内的风能资源进行更大范围的评价,这就需要对风能资源进行数值模拟。

为了获得风能资源的数值模拟评估结果,分别采用短期模拟和长期模拟两种方法进行。

短期风能资源数值模拟时段为一个完整测风年,将模拟结果与同期测风塔的观测资料对比,分析模拟误差,获得代表区域内的风能资源状况。

4.3.1 技术方案

4.3.1.1 数值模式系统

根据《全国风能资源详查和评价工作》的需求,模拟系统采用中尺度气象模式或中尺度与小尺度结合的模式系统进行风能资源的短期数值模拟,使用模式为 MM5/CALMET。

第五代 PenState/NCAR 中尺度模式 MM5 是 20 世纪 70 年代由 Anthes 在宾州大学建立的中尺度模式(MM2,MM4)发展来的。MM5 与以前版本相比有了很大的改进,它主要具有如下特点:(1)采用非静力平衡动力框架,对中小尺度天气系统有比较强的模拟能力;(2)多重嵌套网格系统,满足不同业务科研需要;(3)考虑了非常详细的物理过程,对每种物理过程又提供了多种实施方案,允许根据不同的问题选用不同的方案进行研究;(4)采用了目前比较先进的四维同化(FDDA)处理技术,可在多种计算平台上运行等。MM5 已经被公认是高水平的中尺度数值模式,成为国内外应用相当广泛的一个中尺度数值预报模式。

4.3.1.2 模拟计算区设置

模拟计算区分为滇西模拟区及滇东模拟区,见图 4.6。滇西模拟区以东经 100.20°,北纬 26.26°为中心,x、y 方向均为 201 km 的矩形范围;滇东模拟区以东经 103.5735°,北纬 24.8567°为中心,x 方向为 141 km,y 方向为 361 km 的矩形范围。

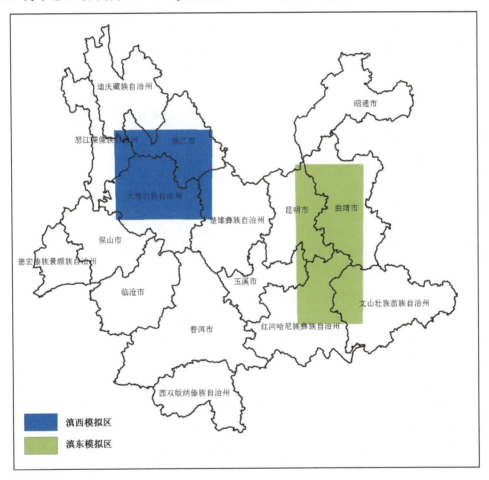

图 4.6 云南省风能资源短期数值模拟分区分布示意图

4.3.1.3 模式网格设置

在 MM5 中进行 2 层网格嵌套,1、2 层网格中心点均为东经 102.00°,北纬 25.00°。第一层网格 x 方向为 103 格点,y 方向为 73 格点,格距为 27 km;第一层网格 x 方向为 91 格点,y 方向为 91 格点,格距为 9 km。垂直分辨率为从 10~150 m,每 10 m 一层共 15 层。地图投影方式为兰伯特投影。

4.3.1.4 输入资料

地形地表资料:地形资料需 30 s 水平分辨率的 USGS 资料。

第一猜值场:采用全球环流模式背景场资料,NCEP 可观分析场。

常规气象资料:中国气象局常规探空和地面观测资料。

4.3.1.5 物理过程参数化

湿微物理过程参数化、边界层物理过程参数化、积云参数化、云辐射参数化、陆面过程、浅对流、土壤温度模式等。

4.3.1.6 模拟方案

模拟时段为与《全国风能资源详查和评价工作》风能资源观测网观测同步的一年,逐日进行模拟,积分时间 36 h。起算时间为每日 12 时(世界时),第三日 00 时终止。模拟结果逐小时输出,统计分析采用模式输出的后 24 h 的逐时模拟结果。

4.3.1.7 模拟结果输出

每小时输出一次距离地面 150 m 高度范围内每 10 m 间隔高度层上、每个格点上的风向、风速以及地面温度、相对湿度和气压。输出时间为正点时间,即北京时 09 时到次日 08 时。

4.3.2 数值模拟计算结果的统计分析

4.3.2.1 风能参数计算方法

年和月平均风速、平均风功率密度和风速 Weibull 分布参数 k、c 值,以及年风向频率、风能方向频率和风速频率分布、风能频率分布依据《全国风能资源评价技术规定》以及 GB/T18710—2002《风电场风能资源评估方法》。

4.3.2.2 风能资源短期数值模拟分布结果

依据以上方法,得到云南省 70 m 高度风能资源短期数值模拟分布结果。其中图 4.7.1 为年平均风速模拟,图 4.7.2 为年平均风功率密度模拟。

从中可以得出两个重要结论:

(1)年平均有效风速基本分布在 4.5~12.0 m/s 之间,年平均风功率密度分布 100~800 W/m^2 之间,高值区为高海拔山区,低值区为相对较低的坝区。

(2)月平均风速及风功率密度 1—4 月为大风月,6—8 月为小风月。

云南地形复杂,坝区有地形遮挡,风速较小;高海拔山区由于受到高空风及地形加速影响,风能资源比较丰富,模拟结果符合云南实际情况。1—4 月为大风月,6—8 月为小风月,与测风塔观测结果吻合。

第 4 章 风能资源详查和评价

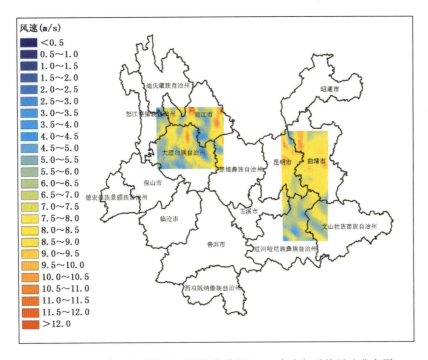

图 4.7.1　云南省风能资源短期数值模拟 70 m 高度年平均风速分布图

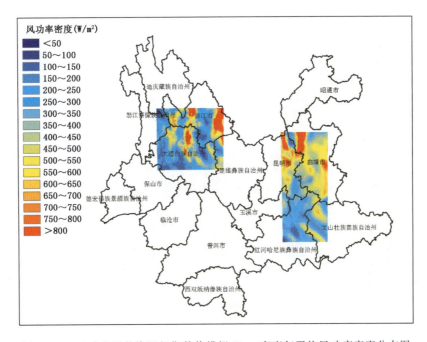

图 4.7.2　云南省风能资源短期数值模拟 70 m 高度年平均风功率密度分布图

4.4 风能资源长期数值模拟

长期风能资源数值模拟时段为1979—2008年,通过风能资源气候学数值模拟方法得到全省范围内30年平均的风能资源分布,再结合GIS空间分析,估算全省风能资源的技术开发量。

4.4.1 技术方法

中国气象局风能资源数值模拟评估系统WERAS/CMA。该系统包括天气背景分类与典型日筛选系统,中尺度模式WRF和复杂地形动力诊断模式CALMET以及风能资源GIS空间分析系统。

WERAS/CMA风能资源数值模拟评估方法基本思路:将评估区历史上出现过的天气进行分类,然后从各天气类型中随机抽取5%的样本作为数值模拟的典型日,之后分别对每个典型日进行逐时数值模拟;最后根据各类天气型出现的频率,统计分析得到风能资源的气候平均分布。

模拟时段1979—2008,WRF用9 km网格距,CALMET水平分辨率1 km×1 km。

采用资料:NCEP/NCAR再分析资料和常规气象站观测资料;90 m×90 m分辨率地形资料,还有地表利用和植被指数等资料。

4.4.2 数值模拟计算结果的统计分析

依据以上方法,得到云南省风能资源长期数值模拟分布结果,包括50 m、70 m、100 m高度风速、风功率密度年平均分布图(见图4.8.1至图4.8.6)。

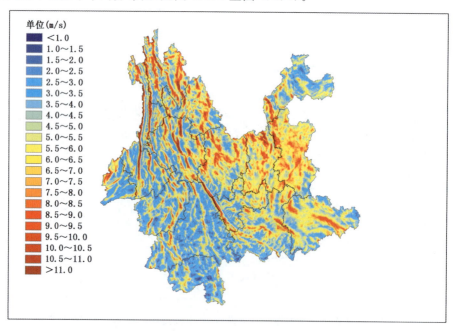

图4.8.1 云南省风能资源长期数值模拟50 m高度年平均风速分布图

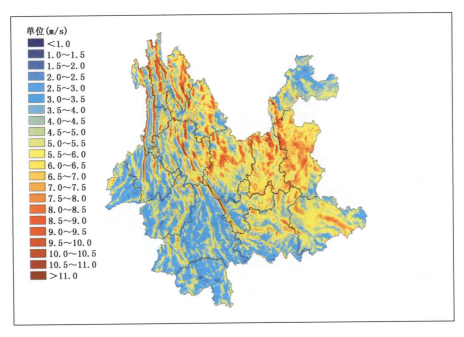

图 4.8.2　云南省风能资源长期数值模拟 70 m 高度年平均风速分布图

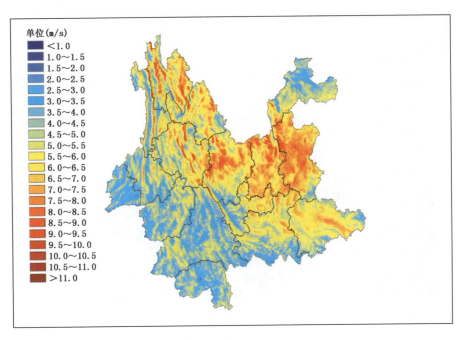

图 4.8.3　云南省风能资源长期数值模拟 100 m 高度年平均风速分布图

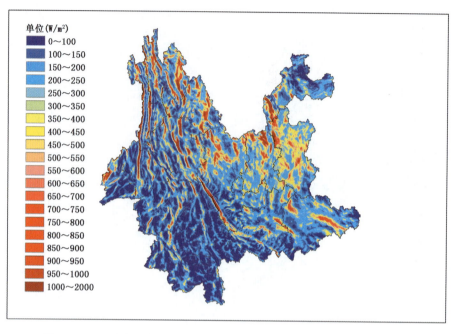

图 4.8.4　云南省风能资源长期数值模拟 50 m 高度年平均风功率分布图

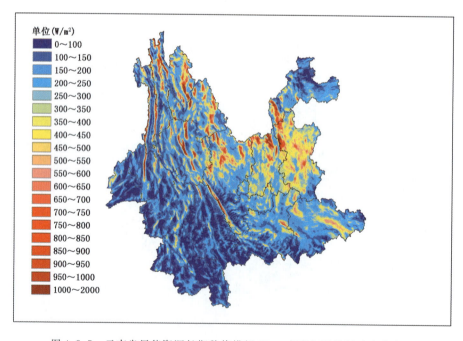

图 4.8.5　云南省风能资源长期数值模拟 70 m 高度年平均风功率分布图

第4章 风能资源详查和评价

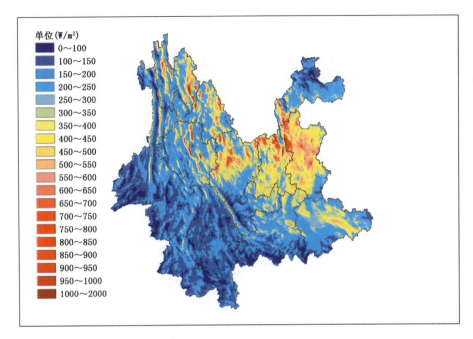

图 4.8.6 云南省风能资源长期数值模拟 100 m 高度年平均风功率分布图

从图中可以看出：
(1) 高值区为高海拔山区，低值区为相对较低的坝区。
(2) 各季平均风速及风功率密度冬春季为大风季，夏秋季为小风季。
(3) 与短期数值模拟结果吻合。

云南地形复杂，坝区有地形遮挡，风速较小；高海拔山区由于受到高空风及地形加速影响，风能资源比较丰富，模拟结果符合云南实际情况。冬春季为大风季，夏秋季为小风季，与测风塔观测结果吻合。

4.4.3 风能资源 GIS 空间分析

在通过风能资源数值模拟方法得到 30 年平均的风能资源分布以后，再利用 GIS 空间分析估算风能资源的技术开发量就成为可能。

4.4.3.1 总储量

年平均风功率密度大于某一阈值区域上的资源总储量。

4.4.3.2 潜在开发量

在风功率密度达到某一阈值的风能资源覆盖区域内，考虑自然地理和国家基本政策对风电开发的制约因素后，计算出的风能资源储量。

具体考虑下列因素：
(1) 扣除以下实际不可利用的区域：海拔高于 3500 m 的区域、地形坡度大于 30% 的区域、水体、湿地、沼泽地、沙漠、自然保护区、历史遗迹、国家公园、矿产、城市及居民区、城市周围 3 km 的缓冲区、基本耕地等。
(2) 部分可利用的植被地区按照以下系数折减：草地为 80%，森林为 20%，灌木丛为65%。

(3)地形坡度:装机容量按表4.7取值。

表4.7 装机容量系数与地形坡度关系

GIS坡度(%)	装机容量系数(MW/km²)
0～3	5.0
3～6	2.5
6～30	1.5

通过以上步骤可以得到云南省风能资源潜在开发量分布图(图4.9)。

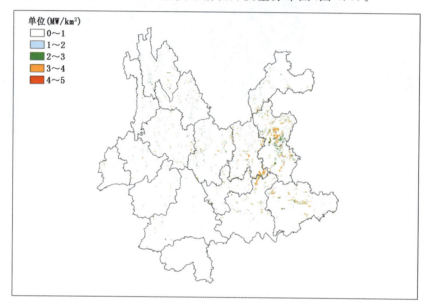

图4.9 云南省70 m高度风能资源大于300 W/m²的潜在开发量分布图

4.4.3.3 技术开发量

所有装机容量超过1.5 MW/km²的潜在开发区面积,即扣除规模小于1.5 MW/km²的区域后的面积为技术开发面积。

在技术开发量覆盖区域面积的潜在开发量的总和即为技术开发量。

表4.8给出了云南省70m高度层上,风功率密度大于200 W/m²、250 W/m²、300 W/m²和400 W/m²的风能资源技术开发量。

表4.8 云南省70 m高度层风能资源技术开发量

≥400 W/m²		≥300 W/m²		≥250 W/m²		≥200 W/m²	
资源量(万 kW)	面积(km²)	资源量(万 kW)	面积(km²)	资源量(万 kW)	面积(km²)	资源量(万 kW)	面积(km²)
1146	3501	2066	6273	2268	6873	2907	8804

第5章 云南省风电场风能资源的基本特征

受成风条件、地形等因素的影响，云南山地高海拔地区的风速随时间和高度的变化与坝区有较大的差别。由于云南的风电场均处于山地高海拔地区，了解山区和坝区风特性的差异对于风电场选址和开发具有指导意义。

5.1 山地风的一般特性

对比前两章气象站和山地测风塔风速观测资料，并结合风速和风向的一般性变化进行分析，可发现云南山地风速变化的一般性特征。

5.1.1 风速年内变化

处于坝区的气象站平均风速具有明显的年内变化特征：1—5月是大风季，全省平均风速在 2.0 m/s 以上，风速最大的3月为 2.60 m/s。8—11月是小风季，平均风速基本在 1.5 m/s 以下，其中风速最小的8月仅 1.35 m/s，最大月比最小月相比为 1.93 倍。

山地风速的年内变化基本与坝区一致，呈冬春季大、夏秋季小的特征，但在峰值出现时间和变化幅度上有一定的差异。

(1) 在峰值出现的时间上，山地均出现在2月，较坝区稍提前。

(2) 在变化趋势上，坝区呈典型的单峰谷走势，从最小月到最大月逐渐增大，再从最大月到最小月逐渐减小。而山地风速变化要复杂一些，一个最典型的特征是1月风速比12月有小幅的减小，这一现象在滇东北地区最为明显，主要是因为山地高海拔地区隆冬季节冷空气入侵较频繁。

(3) 山地风速年内变化幅度较大，而且一般而言，海拔越高差异越大。从风能资源详查项目中8个测风塔的情况上看，除差异最小的3#测风塔为 1.94 倍以外，其他均在2倍以上，海拔最高的2号测风塔相差3倍。

5.1.2 风速日变化

坝区的风速日变化均呈凌晨小午后大的特征，一般而言，最小值出现在 06—08 时，最大值出现在 16—17 时。而山地变化则差异较大，不同地区呈现的情况不一致。

(1) 在邻近坝区的山地其风速日变化与坝区基本一致，但在高海拔山区则会出现多种情况，例如2#测风塔日变化非常平稳，而3#测风塔风速的最大值出现在午夜等。

(2)从变化的幅度上看,坝区幅度明显大于山地。坝区日内最大值与最小值的比可达到 2.83 倍,而山地除处于坝区边缘的 8# 测风塔以外均不到 1.5 倍。

5.1.3 风速随高度的变化

在地形平坦的地区,包括坝区,风速遵从在一定程度内风速随高度的增加而增大的特征,且具有一定的变化规律。

而在山地则在风速随高度变化上与坝区有明显的差异,比较明显的特征是风速随高度的增加并不十分显著,并且没有一致的规律,特别是在较高层还常出现负切变,这是云南山地风电场的一大特征。

5.1.4 风向

云南省各地山地高海拔地区风向均较为集中,主要出现在 S—W 之间,其中大部分地区在 SW—WSW 区间的频率超过 50%,甚至能达到 80% 以上,这一特征随海拔高度的增加越加明显,而且由于大风速的风向频率更向此区间集中,风功率密度的集中度更高。

在不同的区域风向频率的分布是有差异的,例如在滇东地区出现东风的频率偏大,而在滇西地区一年四季基本不出现偏东分量,但由于偏东分量的风速较小,风功率密度在滇东地区仍集中于 S—SW 区间。

气象站风向频率在不同区域具有明显特征。在滇东北地区多以 N—E 方向频率最大,在滇东南地区在 E—S 方向比较集中,而在其他地区 S—W 为主,各方向的频率分布较山地明显分散。

5.2 西部风电场风能资源特征

以位于云南西部的丰乐风电场为例,说明该区域风资源的特征。其中风况参数的分析方法参见第 7 章。

5.2.1 概况

5.2.1.1 风电场概况

丰乐风电场位于云南西部横断山南麓的高山山脊上,地理坐标约在 26°N 和 100°E 附近。风电场主体均为一条南北向开阔山脊部,海拔高程在 3300～3400 m 之间。风电场脊线上以草类和小灌木为主,山脊两侧有部分林地分布。在山脊的迎风坡分布有部分灌木,但随着海拔高程升高,越靠近山脊,灌木的分布越少,在山脊上几乎没有分布。

分析表明,丰乐风电场成风条件具有以下两种因素:

(1)压缩风:风电场相对山体以西区域海拔高差在 500 m 以上,从西面来的气流由于地形隆起得到加速,形成了丰富的风能资源;

(2)高空风:风电场主山脊海拔高度在 3300 m 以上,高空急流能量有向下传递的条件,从风速日变化上也能看出高空风的特征。

5.2.1.2 风能资源测量情况

风电场设有两座测风塔,编号为 FL01 和 FL02 号,海拔高度分别为 3490 m 和 3392 m。

由于该区域覆冰现象严重,为避免倒塔现象,测风塔设计为自立塔,塔高50 m。

两座测风塔均进行了风速、风向、气温、气压等观测。为保险起见,在50 m还增设了一套风速传感器,分别命名为50 m(1)和50 m(2)(表5.1)。

表5.1 丰乐风电场测风塔仪器安装情况

测风塔编号		FL01	FL02
海拔高度(m)		3490	3392
记录通道高度(m)	风速	10m/30m/50m(1)/50m(2)	10m/30m/50m(1)/50m(2)
	风向	10m/50m	10m/50m
	气温	10m	10m
	气压	7m	7m

测风均采用NRG SYSTEMS公司测风设备,观测记录为每10 min一个。每一个观测仪器占用一个记录通道。每一个记录通道记录有10 min之内的平均值、标准差、最大值、最小值共四项。

利用两个测风塔2009年11月1日至2010年9月30日完整一年的测风数据,根据相关规范对测量数据进行了检验,对缺测和无效数据进行了插补,并开展了长序列数据订正,获得了风电场代表年观测数据,以下分析均采用代表年数据进行。

5.2.2 全年风速和风功率密度的年内变化

FL01号测风塔50 m高度两个风速仪测得的年平均风速分别为8.9 m/s和8.8 m/s,平均风功率密度为518 W/m² 和502 W/m²。风功率密度最大值出现在2月,分别为1220 W/m² 和1179 W/m²,最小值出现在8月,分别为83 W/m² 和80 W/m²,两者相比均为14.7倍。

FL02号测风塔50 m高度两个风速仪年平均风速分别为8.6 m/s和8.5 m/s,平均风功率密度为431 W/m² 和412 W/m²。风功率密度最大值出现在3月和2月,分别为844 W/m² 和808 W/m²,最小值出现在8月,分别为68 W/m² 和69 W/m²,两者相比分别为12.4倍和11.7倍。

丰乐风电场各测风塔各测风高度的风速和风功率密度年内变化见图5.1.1至图5.1.4。从图中可以看出:

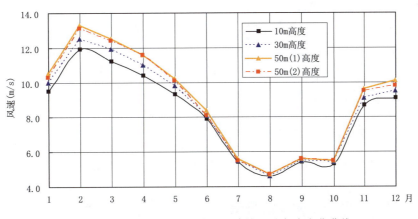

图5.1.1 FL01号测风塔各测风高度风速年内变化曲线

(1)丰乐风电场同一测风塔各测风高度的风速、风功率密度年内变化比较一致。

(2)丰乐风电场各风塔风速、风功率密度的年内变化基本一致,全年两季风特征明显。

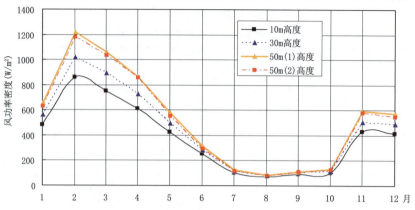

图 5.1.2　FL01 测风塔各测风高度风功率密度年内变化曲线

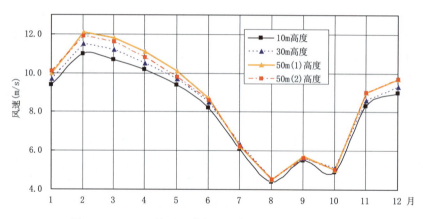

图 5.1.3　FL02 号测风塔各测风高度风速年内变化曲线

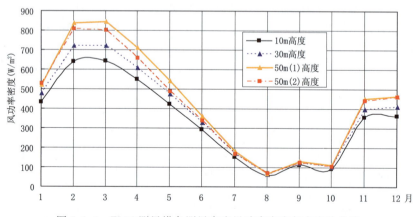

图 5.1.4　FL02 测风塔各测风高度风功率密度年内变化曲线

5.2.3　风速和风功率密度的日变化

丰乐风电场 2 个测风塔各测风高度全年风速和风功率密度日变化情况见图 5.2.1 至

图5.2.4所示。

从全年的日变化来看,各测风塔具有相同的日变化特征:风功率最大值出现在14—20时,最小值出现在08—11时。

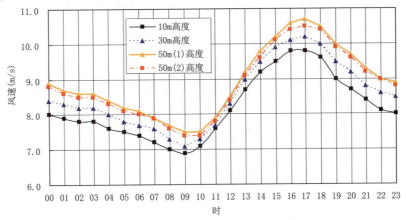

图5.2.1　FL01测风塔各测风高度风速日变化曲线

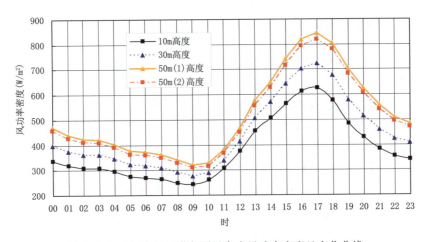

图5.2.2　FL01测风塔各测风高度风功率密度日变化曲线

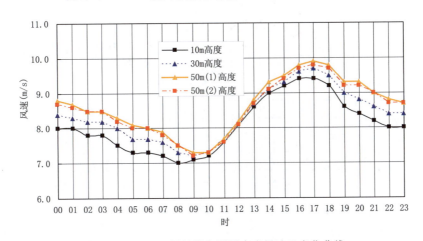

图5.2.3　FL02测风塔各测风高度风速日变化曲线

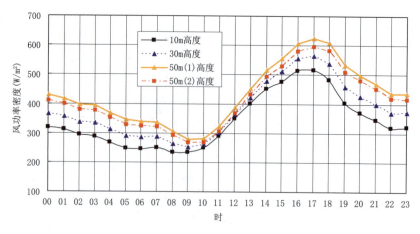

图 5.2.4 FL02 测风塔各测风高度风功率密度日变化曲线

5.2.4 风速和风能频率分布

以 1 m/s 为一个风速区间,统计丰乐风电场各测风塔各高度的风速和风能在不同风速区间出现的频率,其风速段的表示如下:第 1 段为 0～1.4 m/s,第二段为 1.5～2.4 m/s,第 3 段为 2.5～3.4 m/s,依此类推,第 25 段为 24.5～25.4 m/s,第 26 段为大于 25.5 m/s 的风速。

目前风机的切入风速为 3～4 m/s,额定风速在 12～14 m/s 之间,切出风速在 25 m/s 左右,故有效小时数按风速位于 3.5～25.4 m/s 之间的小时数之和计算。

图 5.3.1 至图 5.3.4 给出了 FL01 号和 FL02 号测风塔风速的频率分布。

统计表明,FL01 号塔 50 m 高度风速基本集中在 5.5～12.4 m/s 之间,风能集中在 8.5～15.4 m/s 风速段内之间,有效风速小时数基本在 7800 h 以上,有效风速频率接近 90%,有效风能频率接近 100%;FL02 号塔 50 m 高度风速基本集中在 3.5～13.4 m/s 之间,风能集中在 8.5～13.4 m/s 风速段之间。50 m 高度有效风速段的风速频率为 88%,有效小时数基本在 7700 h 以上,有效风速段的风能频率接近 100%。两个测风塔风能资源有效率均很高。

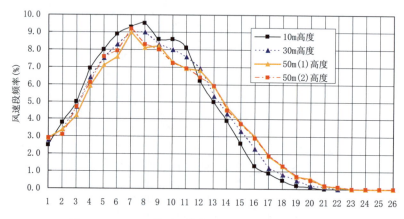

图 5.3.1 FL01 号测风塔各测风高度风速频率分布图

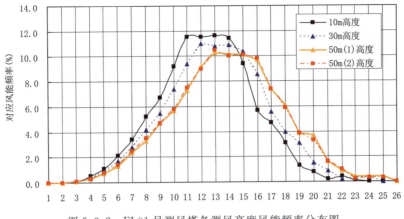

图 5.3.2　FL01 号测风塔各测风高度风能频率分布图

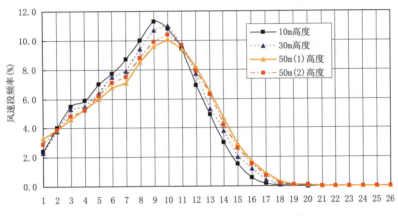

图 5.3.3　FL02 号测风塔各测风高度风速频率分布图

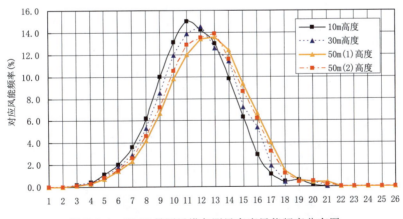

图 5.3.4　FL02 号测风塔各测风高度风能频率分布图

5.2.5　风向频率和风能密度方向分布

丰乐风电场 FL01、FL02 号测风塔在 10 m 和 50 m 有风向观测。各测风塔全年风向、风能玫瑰图见图 5.4.1 和图 5.4.2。

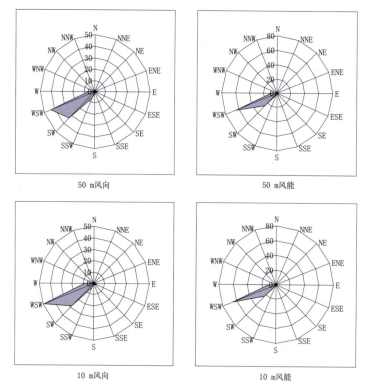

图 5.4.1 FL01 号测风塔 10 m、50 m 测风高度风向和风能玫瑰图

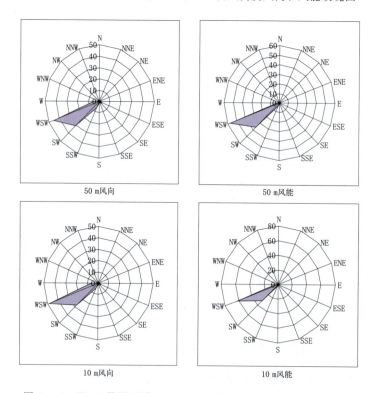

图 5.4.2 FL02 号测风塔 10 m、50 m 测风高度风向和风能玫瑰图

从全年来看,FL01号塔的主风向为WSW、SW,主风能方向为WSW、SW,风向与风能密度的集中程度一致;FL02号塔的主风向为WSW、SW,主风能方向为WSW、SW,风向与风能密度的集中程度一致。

各塔风向频率最高基本在43.6%～49%间,风能密度方向频率最高基本在57.8%～64.8%之间,主导风向上的风能密度集中,有利减少风机的偏航操作,提高有效率。

各月风向、风能玫瑰图见图5.5.1至图5.5.4。

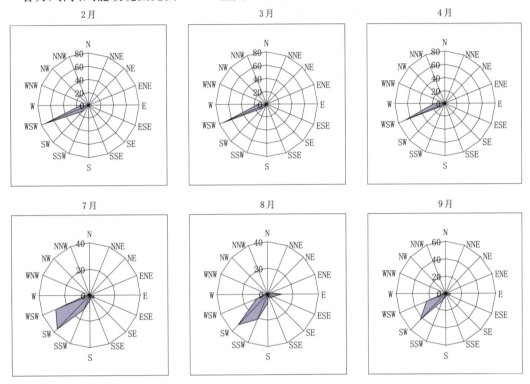

图5.5.1　FL01号测风塔50 m测风高度各月风向玫瑰图

FL01、FL02号塔,在旱季(2—4月)风向及风能密度在SSW—W区间高度集中;在雨季(7—9月),E方向的风向、风能密度有增加。总体而言,丰乐风电场风向及风能密度方向有非常明显的主导方向,主要集中在SW—W区间。

5.2.6　风切变指数

各测风塔的风切变指数见表5.2。各测风塔的风切变指数均为正值,分布在0.037～0.09之间。

表5.2　丰乐风电场各测风塔风切变指数

		10 m	30 m	50 m(1)	50 m(2)
FL01	10 m		0.039	0.054	0.038
	30 m			0.085	0.037
		10 m	30 m	50 m(1)	50 m(2)
FL02	10 m		0.032	0.042	0.029
	30 m			0.063	0.026

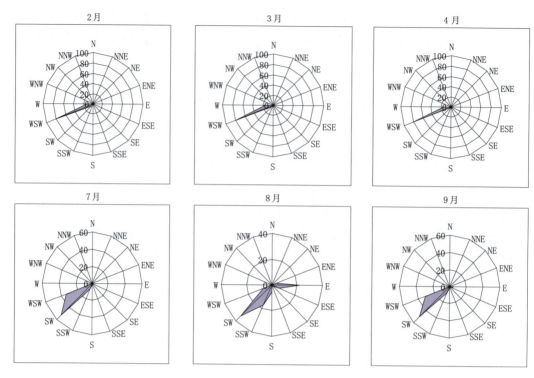

图 5.5.2　FL01 号测风塔 50 m 测风高度各月风能玫瑰图

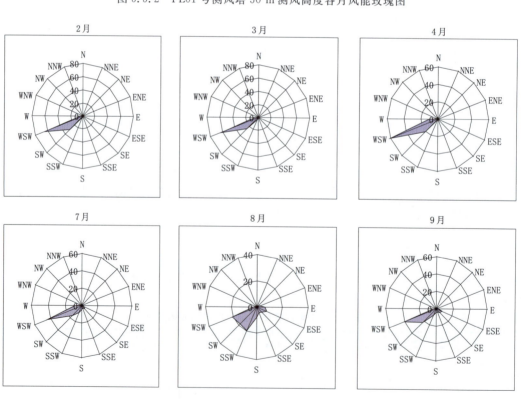

图 5.5.3　FL02 号测风塔 50 m 测风高度各月风向玫瑰图

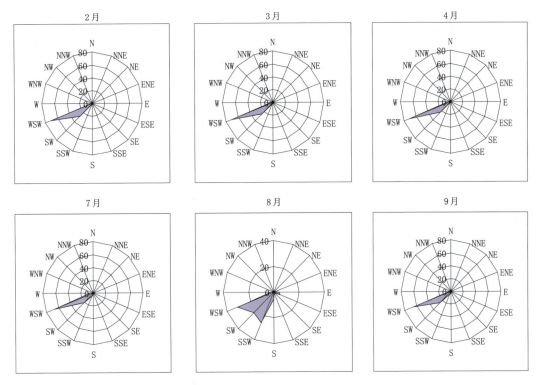

图 5.5.4 FL02 号测风塔 50 m 测风高度各月风能玫瑰图

5.2.7 湍流强度

分别取 4 m/s、12 m/s、15 m/s、18 m/s 以上的风速进行湍流强度计算,见表 5.3。

丰乐风电场各测风塔各高度的湍流强度在 0.0671～0.1106 之间,其中在高层 50 m 高度上风速 15 m/s 段时,湍流强度在 0.0694～0.0974 之间,按 IEC 61400－1(2005)定义,属低湍流强度。

表 5.3 丰乐风电场各测风塔湍流强度

测风塔/测风高度		10 m	30 m	50 m(1)	50 m(2)	平均值	最大值
FL01	风速大于等于 4 m/s	0.0991	0.0901	0.0799	0.0804	0.0874	0.0991
	风速大于等于 12 m/s	0.0967	0.0844	0.0672	0.0671	0.0789	0.0967
	风速大于等于 15 m/s	0.0994	0.0868	0.0697	0.0694	0.0813	0.0994
	风速大于等于 18 m/s	0.1074	0.0948	0.0735	0.0736	0.0873	0.1074
FL02	风速大于等于 4 m/s	0.1055	0.1009	0.0965	0.0949	0.0995	0.1055
	风速大于等于 12 m/s	0.107	0.1028	0.0939	0.0931	0.0992	0.1070
	风速大于等于 15 m/s	0.1097	0.1066	0.0974	0.0962	0.1025	0.1097
	风速大于等于 18 m/s	0.1027	0.1106	0.1094	0.1061	0.1072	0.1106

5.2.8 Weibull 分布参数 k,c

丰乐风电场两个测风塔 k、c 值具体计算结果见表 5.4。

2 个测风塔各高度层 k 值均在 2.0~2.6 之间，c 值均在 9.0~9.9 之间，属于正常范围。

表 5.4　各测风塔 Weibull 分布参数

	高度	50 m(2)	50 m(1)	30 m	10 m
FL01	k	2.178	2.184	2.242	2.319
	c	9.824	9.937	9.484	9.142
FL02	k	2.436	2.387	2.526	2.524
	c	9.473	9.589	9.352	9.014

5.2.9　50 年一遇最大风速、极大风速

利用丰乐风电场的实测数据，根据云南风电场 50 年一遇最大风速、极大风速的推算方案，推算出丰乐风电场 50 年一遇最大风速、极大风速，结果见表 5.5。

需要注意的是，所推算出的 50 年一遇最大风速和极大风速均为当地空气密度下的值，在实际应用中应再换算到标准空气密度状态下。

表 5.5　丰乐风电场各测风塔 50 年一遇最大风速、极大风速（单位：m/s）

		50 m(2)	50 m(1)	30 m	10 m
FL01	最大风速	44.0	44.5	43.0	41.0
	极大风速	61.6	62.3	60.2	57.4
FL02	最大风速	42.5	43.0	42.0	40.5
	极大风速	59.5	60.2	58.8	56.7

5.2.10　风况参数统计

丰乐风电场订正后的代表年主要风况参数见表 5.6.1 和表 5.6.2。其 2 个测风塔所代表的区域风能资源等级分别达到 5 级和 4 级，具有很好的开发条件。

表 5.6.1　FL01 号测风塔主要风况参数表

风况参数		测量高度（m）				等级
		50 m(2)	50 m(1)	30 m	10 m	
风功率密度（W/m²）		502	518	443	381	5 级
年平均风速（m/s）		8.8	8.9	8.6	8.2	
风切变指数	0.037~0.085	最大或极大风速（m/s）		风向	发生时间	
主风向	WSW	风场最大	26.6	WSW	2010 年 2 月 18 日	
平均空气密度（kg/m³）	0.827	风场极大	35.7	WSW	2010 年 2 月 18 日	
年平均湍流强度 （50 m 高度，切入风速 15 m/s）	0.0873	50 年一遇 最大风速	44.5	50 年一遇 极大风速	62.3	

表 5.6.2　FL02 号测风塔主要风况参数表

风况参数		测量高度(m)				等级
		50 m(2)	50 m(1)	30 m	10 m	
风功率密度(W/m²)		412	431	380	342	4 级
年平均风速(m/s)		8.5	8.6	8.4	8.1	
风切变指数	0.026~0.063	最大或极大风速(m/s)		风向	发生时间	
主风向	WSW	风场最大	22.3	WSW	2010 年 3 月 5 日	
平均空气密度(kg/m³)	0.836	风场极大	30.7	WSW	2010 年 2 月 16 日	
年平均湍流强度 (50 m 高度,切入风速 15 m/s)	0.1072	50 年一遇 最大风速	43.0	50 年一遇 极大风速	60.2	

5.3　东部风电场风能资源特征

以位于云南东部的花石头风电场为例,分析云南东部风电场的风能资源特征。

5.3.1　概况

5.3.1.1　风电场概况

花石头风电场位于云南东部,地理坐标约在 26°N,103°N 附近。风电场为一条南北向的起伏山脊,高程在 2700~3290 m 之间,场址内为高山草甸,零星分布低矮灌木。

5.3.1.2　风能资源测量情况

花石头风电场范围内设有 5 座测风塔在开展测风工作,编号分别为 HS01、HS02、HS03、HS04 和 HS05,测风塔塔架为桁架,塔高 70 m。

5 座测风塔均进行了风速、风向、气温、气压等观测,仪器高度见表 5.7。

表 5.7　花石头 风电场测风塔仪器安装情况

测风塔编号		HS01	HS02	HS03	HS04	HS05
海拔高度(m)		3083	3158	3122	3075	3140
记录通道高度 (m)	风速	10m/30m/ 50 m/70 m	10m/30 m/ 50 m/70 m	10 m/30 m/ 50 m/70 m	10 m/30 m/ 50 m/70 m	10 m/30 m/ 50 m/70 m
	风向	10 m/70 m	10 m/70 m	10 m/70 m	10 m/70 m	10 m/70 m
	气温	10 m	10 m	10 m	10 m	10 m
	气压	10 m	10 m	10 m	10 m	10 m

测风塔均采用 NRG SYSTEMS 公司测风设备,每一个观测仪器占用一个记录通道。每一个记录通道记录有 10 min 之内的平均值、标准差、最大值、最小值共 4 项。

根据两个测风塔 2009 年 7 月 20 日至 2010 年 7 月 19 日完整一年的测风数据,根据相关规范对测量数据进行了检验,对缺测和无效数据进行了插补,并开展了长序列数据订正,获得了风电场代表年观测数据。

以下分析均采用代表年数据进行。

5.3.2 全年风速和风功率密度的年内变化

花石头风电场各测风塔各测风高度的风速和风功率密度年内变化情况见图 5.6.1 至图 5.6.10。

从图分析可知：

(1) 同一测风塔各测风高度的风速、风功率密度年内变化非常一致。

(2) 各风塔风速、风功率密度的年内变化基本一致。1—4 月风速、风功率密度较大，6—10 月的风速、风功率密度较小，均呈冬春季大，夏秋季小的特点。

(3) 各测风塔月风功率密度最大月与最小月的差距较大，两者比值分别，在 12.0～17.7 倍之间，具有非常明显的全年两季风特征。

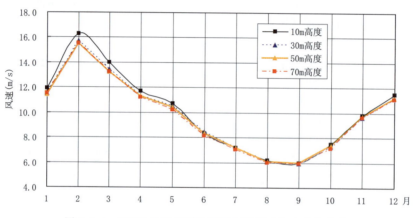

图 5.6.1　HS01 号测风塔各测风高度风速年内变化曲线

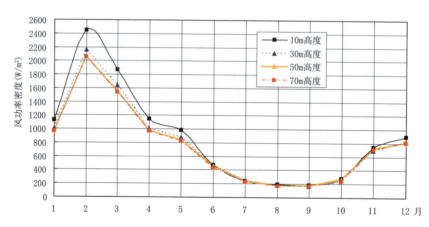

图 5.6.2　HS01 号测风塔各测风高度风功率密度年内变化曲线

第5章 云南省风电场风能资源的基本特征

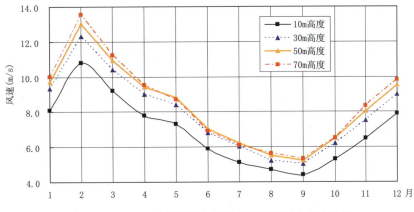

图 5.6.3　HS02 号测风塔各测风高度风速年内变化曲线

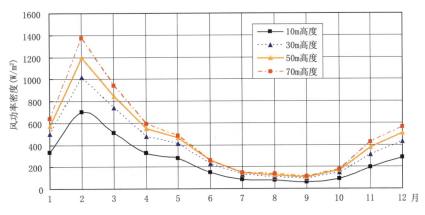

图 5.6.4　HS02 号测风塔各测风高度风功率密度年内变化曲线

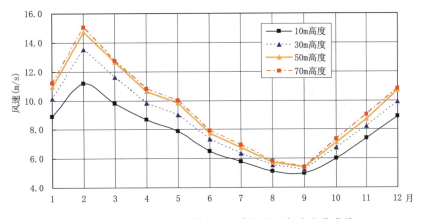

图 5.6.5　HS03 号测风塔各测风高度风速年内变化曲线

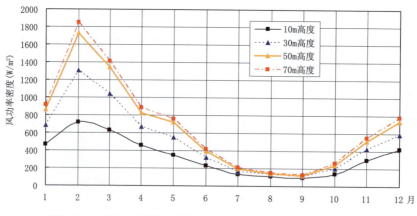

图 5.6.6　HS03 号测风塔各测风高度风功率密度年内变化曲线

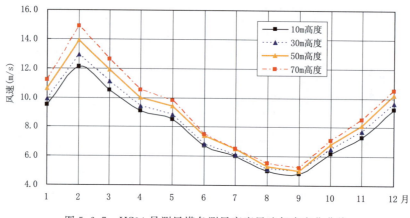

图 5.6.7　HS04 号测风塔各测风高度风速年内变化曲线

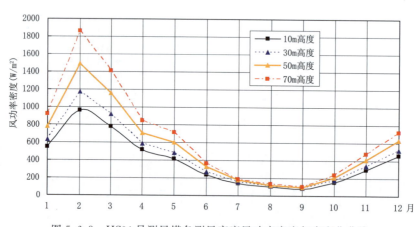

图 5.6.8　HS04 号测风塔各测风高度风功率密度年内变化曲线

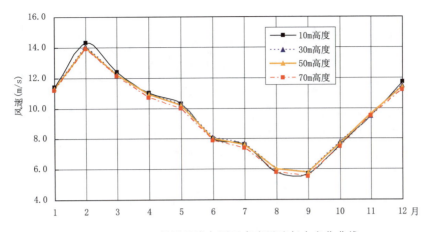

图 5.6.9 HS05 号测风塔各测风高度风速年内变化曲线

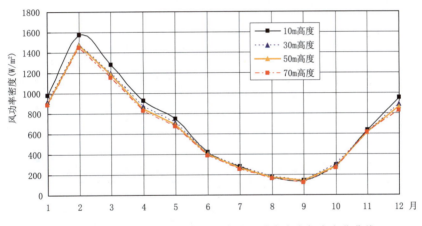

图 5.6.10 HS05 号测风塔各测风高度风功率密度年内变化曲线

5.3.3 风速和风功率密度的日变化

花石头风电场各测风塔各测风高度全年风速和风功率密度日变化情况见图 5.7.1 至图 5.7.10。

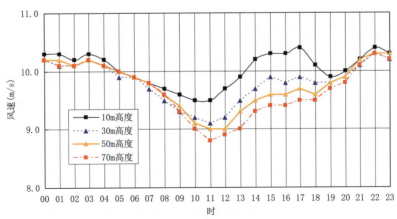

图 5.7.1 HS01 号测风塔各测风高度风速日变化曲线

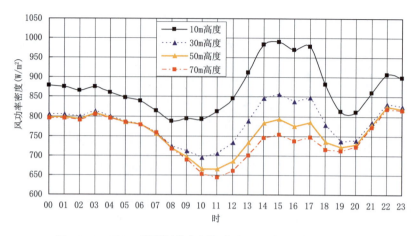

图 5.7.2　HS01 号测风塔各测风高度风功率密度日变化曲线

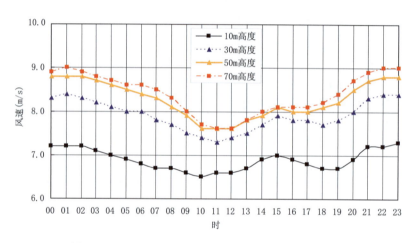

图 5.7.3　HS02 号测风塔各测风高度风速日变化曲线

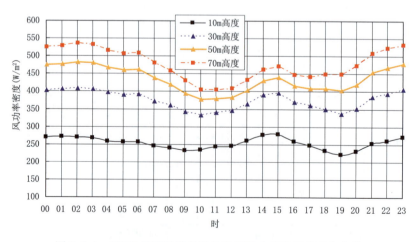

图 5.7.4　HS02 号测风塔各测风高度风功率密度日变化曲线

第 5 章 云南省风电场风能资源的基本特征

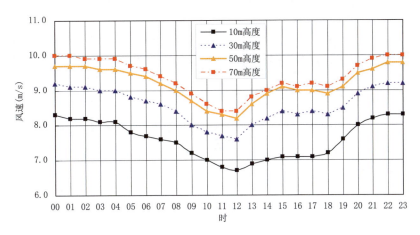

图 5.7.5　HS03 号测风塔各测风高度风速日变化曲线

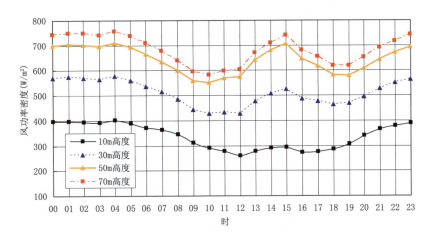

图 5.7.6　HS03 号测风塔各测风高度风功率密度日变化曲线

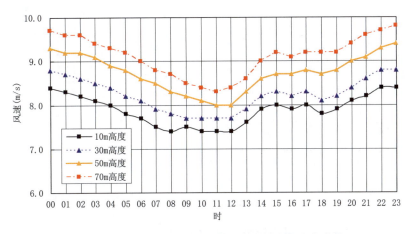

图 5.7.7　HS04 号测风塔各测风高度风速日变化曲线

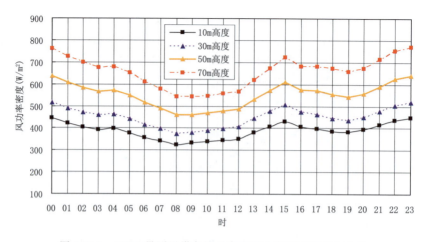

图 5.7.8　HS04 号测风塔各测风高度风功率密度日变化曲线

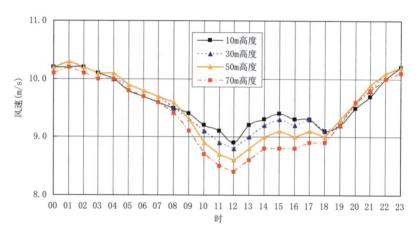

图 5.7.9　HS05 号测风塔各测风高度风速日变化曲线

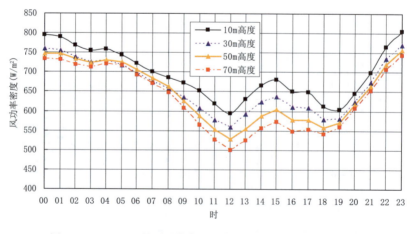

图 5.7.10　HS05 号测风塔各测风高度风功率密度日变化曲线

从全年的日变化来看，各测风塔较为一致，风速、风功率最大值出现在 21 时至次日 03 时，最小值出现在 10—14 时。

5.3.4 风速和风能频率分布

以 1 m/s 为一个风速区间,统计花石头风电场各测风塔各高度的风速和风能在不同风速区间出现的频率,见图 5.8.1 至图 5.8.10。

目前风机的切入风速为 3～4 m/s,额定风速在 12～14 m/s 之间,切出风速在 25 m/s 左右,故有效小时数按风速位于 3.5～25.4 m/s 之间的小时数之和计算。

对于 HS01 号塔(图 5.8.1 和 5.8.2),在 70 m 高度上,HS01 号塔风速基本集中在 3.5～17.4 m/s 之间,风能集中在 10.5～22.4 m/s 风速段之间。

在 50 m 高度上,HS01 号塔风速基本集中在 3.5～17.4 m/s 之间,风能集中在 10.5～22.4 m/s 风速段之间。

50 m、70 m 高度有效风速段的风速频率分别为 91.2%、91.4%,有效风速段的风能频率分别为 98.8%、99.0%。

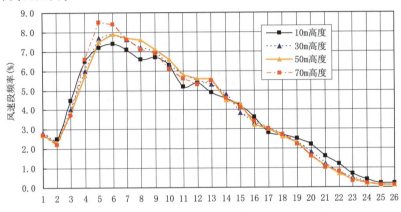

图 5.8.1 HS01 号测风塔各测风高度风速频率分布图

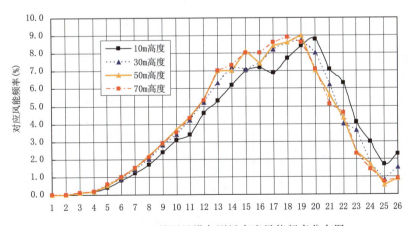

图 5.8.2 HS01 号测风塔各测风高度风能频率分布图

对 HS02 号塔(图 5.8.3 和图 5.8.4),在 70 m 高度上,风速基本集中在 2.5～15.4 m/s 之间,风能集中在 8.5～19.4 m/s 风速段之间。

在 50 m 高度上,风速基本集中在 2.5～15.4 m/s 之间,风能集中在 8.5～19.4 m/s 风速段之间。

HS02 号塔 50 m、70 m 高度有效风速段的风速频率分别为 88.7%、89%，有效风速段的风能频率分别为 99.8%、99.9%。

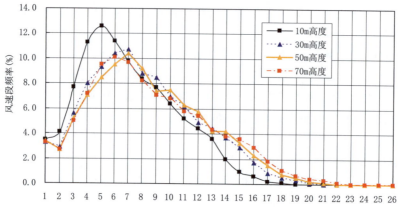

图 5.8.3　HS02 号测风塔各测风高度风速频率分布图

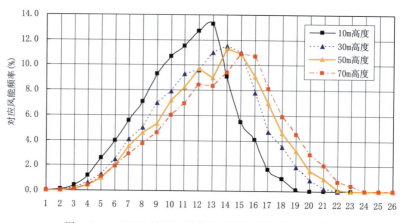

图 5.8.4　HS02 号测风塔各测风高度风能频率分布图

HS03 号塔（图 5.8.5 和图 5.8.6）在 70 m 高度层，风速基本集中在 1.4～17.4 m/s 之间，风能集中在 10.5～22.4 m/s 风速段之间。

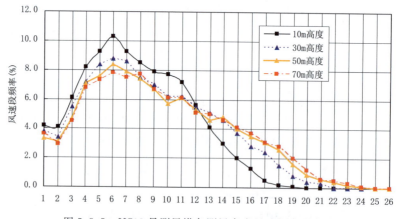

图 5.8.5　HS03 号测风塔各测风高度风速频率分布图

在 50 m 高度层，风速基本集中在 1.4～17.4 m/s 之间，风能集中在 10.5～21.4 m/s 风速段之间。

在 50 m、70 m 高度有效风速段的风速频率分别为 88.8%、89%，有效风速段的风能频率分别为 99.5%、99.5%。

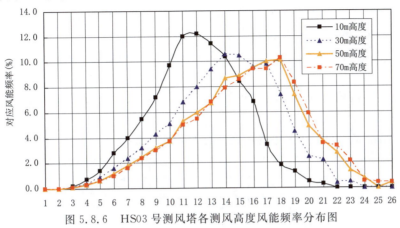

图 5.8.6　HS03 号测风塔各测风高度风能频率分布图

HS04 号塔（图 5.8.7 和图 5.8.8）在 70 m 高度层上风速基本集中在 1.4～16.4 m/s 之间，风能集中在 8.5～22.4 m/s 风速段之间。

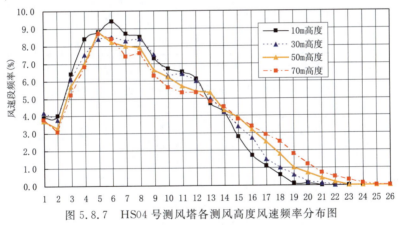

图 5.8.7　HS04 号测风塔各测风高度风速频率分布图

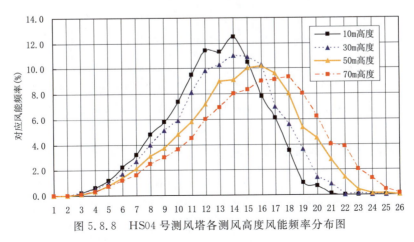

图 5.8.8　HS04 号测风塔各测风高度风能频率分布图

50 m 高度层上风速基本集中在 1.4~16.4 m/s 之间,风能集中在 7.5~20.4 m/s 风速段之间。

在 50 m、70 m 高度有效风速段的风速频率分别为 87.3%、87.9%,有效风速段的风能频率分别为 99.9%、99.5%。

HS05 号塔(图 5.8.9 和图 5.8.10)70 m 高度上风速基本集中在 1.4~17.4 m/s 之间,风能集中在 8.5~20.4 m/s 风速段之间。

在 50 m 高度上风速基本集中在 1.4~17.4 m/s 之间,风能集中在 8.5~20.4 m/s 风速段之间。

在 50 m、70 m 高度有效风速段的风速频率分别为 89.5%、89.1%,有效风速段的风能频率分别为 99.9%、99.9%。

上述分析结论表明花石头风电场风能资源的质量非常好。

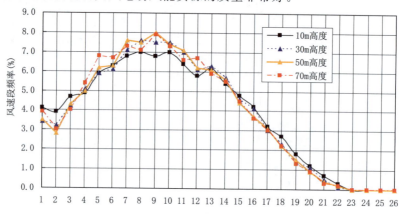

图 5.8.9　HS05 号测风塔各测风高度风速频率分布图

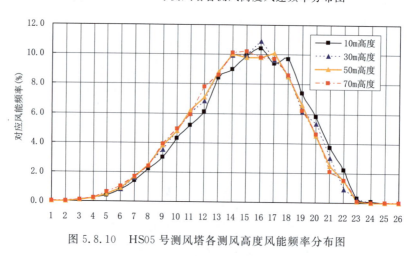

图 5.8.10　HS05 号测风塔各测风高度风能频率分布图

5.3.5　风向频率和风能密度方向分布

花石头风电场各测风塔在 10 m 和 70 m 均有风向观测。

各测风塔 10 m、70 m 风向、风能玫瑰图见图 5.9.1 至图 5.9.5。

第5章 云南省风电场风能资源的基本特征

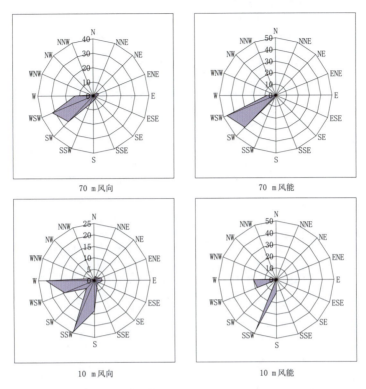

图 5.9.1　HS01 号测风塔 10 m、70 m 测风高度风向和风能玫瑰图

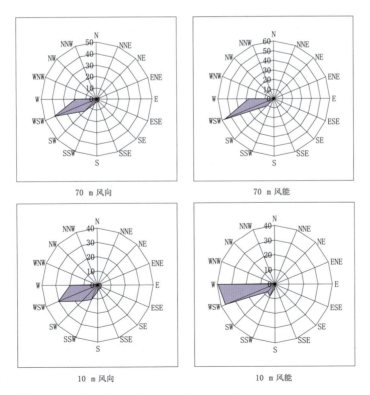

图 5.9.2　HS02 号测风塔 10 m、70 m 测风高度风向和风能玫瑰图

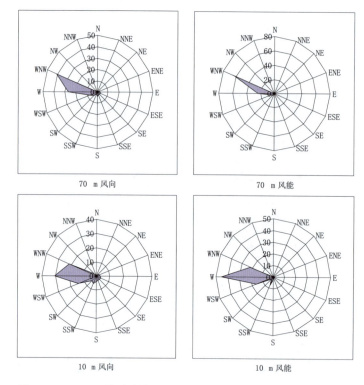

图 5.9.3　HS03 号测风塔 10 m、70 m 测风高度风向和风能玫瑰图

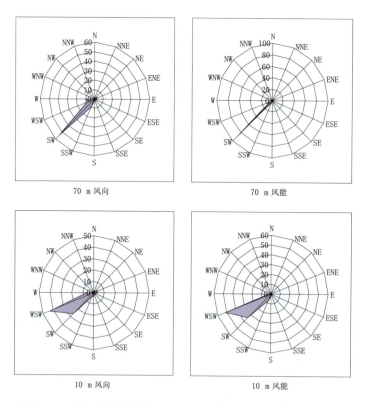

图 5.9.4　HS04 号测风塔 10 m、70 m 测风高度风向和风能玫瑰图

第 5 章 云南省风电场风能资源的基本特征

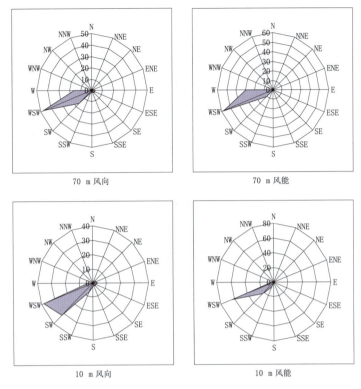

图 5.9.5 HS05 号测风塔 10 m、70 m 测风高度风向和风能玫瑰图

从全年风向的频率分布上看：

HS01 号塔的主风向为 WSW、SW、W，主风能方向为 WSW、SW、W，风向与风能密度的集中程度一致；

HS02 号塔的主风向为为 WSW、W、SW，主风能方向为 WSW、W、SW，风向与风能密度的集中程度一致；

HS03 号塔的主风向为为 WNW、W、WSW，主风能方向为 WNW、W、WSW，风向与风能密度的集中程度一致；

HS04 号塔的主风向为为 SW、SSW、W，主风能方向为 SW、WSW、W，风向与风能密度的集中程度基本一致；

HS05 号塔的主风向为为 WSW、SW、W，主风能方向为 WSW、W、SW，风向与风能密度的集中程度基本一致；各塔风向频率最高基本在 24.1%～54.5%间，风能密度方向频率最高基本在 39.3%～63.3%之间。

各测风塔，在旱季（2—4月）全风向及风能密度方向主要集中 S—W 区间；在雨季（7—9月），NE—SE 方向的风向、风能密度有明显增加。

总体而言，花石头风电场风向及风能密度方向有非常明显的主导方向，主要集中在 SW—W 区间。

图 5.10.1 至图 5.10.6 显示了代表性最好的 HS01、HS02、HS05 测风塔 2—4 月、7—9 月风向及风能密度方向分布。

· 83 ·

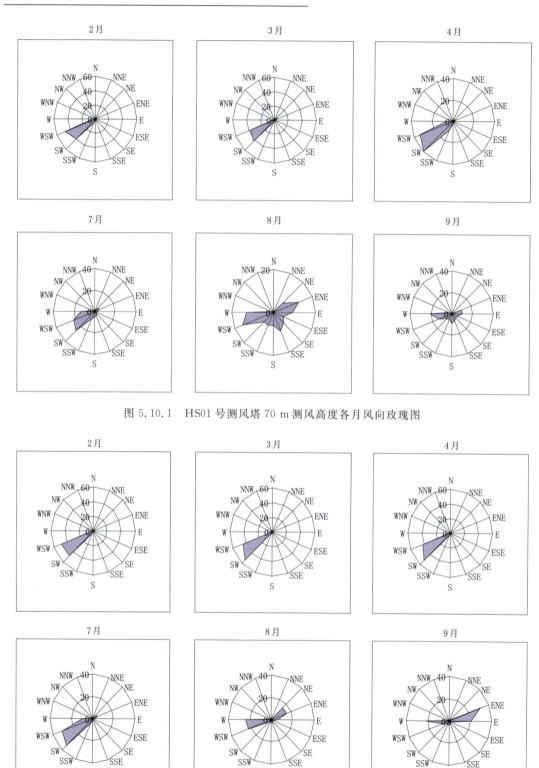

图 5.10.1 HS01 号测风塔 70 m 测风高度各月风向玫瑰图

图 5.10.2 HS01 号测风塔 70 m 测风高度各月风能玫瑰图

第5章 云南省风电场风能资源的基本特征

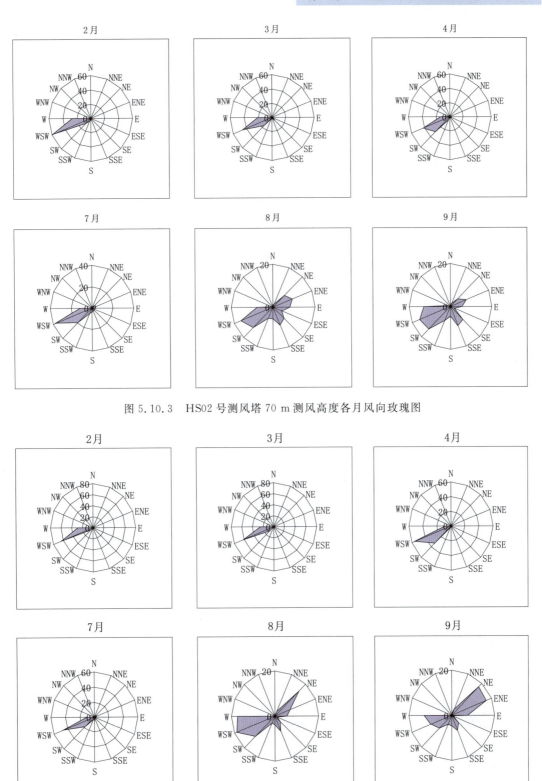

图 5.10.3　HS02 号测风塔 70 m 测风高度各月风向玫瑰图

图 5.10.4　HS02 号测风塔 70 m 测风高度各月风能玫瑰图

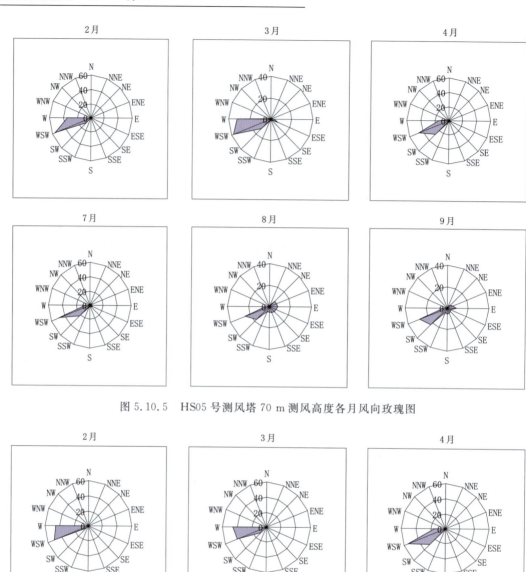

图 5.10.5　HS05 号测风塔 70 m 测风高度各月风向玫瑰图

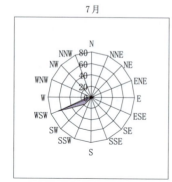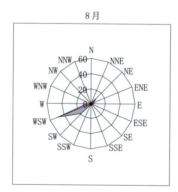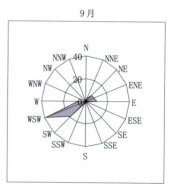

图 5.10.6　HS05 号测风塔 70 m 测风高度各月风能玫瑰图

5.3.6 风切变指数

各测风塔的风切变指数见表5.8。

从表中可以看到,花石头风电场在 HS01、HS05 号塔所有高度层均呈负切变,而其他3个塔却为正切变,这在云南的风电场中比较常见,主要原因是由于微地形、地形压缩风形成的压缩层厚度等因素的影响,各测风塔间成风条件有较大差异。

表 5.8 花石头风电场各测风塔风切变指数

		10 m	30 m	50 m	70 m
HS01	10 m		−0.024	−0.02	−0.022
	30 m			−0.01	−0.02
	50 m				−0.034
HS02	10 m		0.123	0.112	0.102
	30 m			0.089	0.074
	50 m				0.051
HS03	10 m		0.115	0.123	0.112
	30 m			0.139	0.108
	50 m				0.061
HS04	10 m		0.038	0.063	0.076
	30 m			0.117	0.124
	50 m				0.135
HS05	10 m		−0.002	−0.006	−0.013
	30 m			−0.014	−0.026
	50 m				−0.045

5.3.7 湍流强度

分别取 4 m/s、12 m/s、15 m/s、18 m/s 以上的风速进行湍流强度计算,见表5.9。各测风塔各高度的湍流强度在 0.08~0.15 之间。

其中风速在 15 m/s 风速段上各测风塔湍流强度均小于 0.12,根据 IEC61400−1(2005)相关标准,风电场属于低湍流强度,有利于风机的运行。

表 5.9 各测风塔湍流强度

测风塔/测风高度		10 m	30 m	50 m	70 m	平均值	最大值
HS01	风速大于等于 4 m/s	0.1096	0.1021	0.1011	0.0997	0.1031	0.1096
	风速大于等于 12 m/s	0.0916	0.0845	0.0849	0.082	0.0858	0.0916
	风速大于等于 15 m/s	0.0907	0.0841	0.0848	0.0813	0.0852	0.0907
	风速大于等于 18 m/s	0.0907	0.0842	0.0845	0.0806	0.0850	0.0907

续表

测风塔/测风高度		10 m	30 m	50 m	70 m	平均值	最大值
HS02	风速大于等于 4 m/s	0.1509	0.1282	0.1187	0.1143	0.1280	0.1509
	风速大于等于 12 m/s	0.1312	0.1214	0.1084	0.1028	0.1160	0.1312
	风速大于等于 15 m/s	0.1286	0.119	0.1074	0.1012	0.1141	0.1286
	风速大于等于 18 m/s	0.137	0.1217	0.1095	0.1018	0.1175	0.1370
HS03	风速大于等于 4 m/s	0.1746	0.1342	0.1165	0.1072	0.1331	0.1746
	风速大于等于 12 m/s	0.1678	0.1245	0.1034	0.093	0.1222	0.1678
	风速大于等于 15 m/s	0.1544	0.1218	0.102	0.0914	0.1174	0.1544
	风速大于等于 18 m/s	0.1575	0.1214	0.0999	0.0891	0.1170	0.1575
HS04	风速大于等于 4 m/s	0.1355	0.1305	0.1183	0.1055	0.1225	0.1355
	风速大于等于 12 m/s	0.1373	0.1341	0.1182	0.098	0.1219	0.1373
	风速大于等于 15 m/s	0.1347	0.1365	0.1214	0.099	0.1229	0.1365
	风速大于等于 18 m/s	0.1388	0.1411	0.1249	0.0997	0.1261	0.1411
HS05	风速大于等于 4 m/s	0.1034	0.0994	0.0996	0.0995	0.1005	0.1034
	风速大于等于 12 m/s	0.0901	0.0888	0.0919	0.0894	0.0901	0.0919
	风速大于等于 15 m/s	0.0875	0.0863	0.0904	0.0869	0.0878	0.0904
	风速大于等于 18 m/s	0.0819	0.0818	0.0894	0.0862	0.0848	0.0894

5.3.8 Weibull 分布参数 k, c

各测风塔 Weibull 分布参数 k, c 参数具体计算结果见表 5.10。

表 5.10 各测风塔 Weibull 分布参数

高度		70 m	50 m	30 m	10 m
HS01	k	2.073	2.099	2.073	2.014
	c	11.176	11.291	11.402	11.737
HS02	k	2.123	2.221	2.240	2.213
	c	9.710	9.597	9.145	8.017
HS03	k	2.029	2.022	2.075	2.187
	c	10.835	10.609	9.935	8.807
HS04	k	1.975	2.050	2.101	2.137
	c	10.604	10.159	9.597	9.146
HS05	k	2.073	2.099	2.073	2.014
	c	11.176	11.291	11.402	11.737

计算结果表明，除 HS04 号测风塔 70 m 高度 k 参数略小于 2.0 以外，其他各塔均在 2.0～2.2 之间，c 参数则总体上集中在 11 左右，属于比较正常的范围。

5.3.9 50年一遇最大风速和极大风速

根据花石头风电场的实际情况,结合云南省其他风电场 50 年一遇最大风速、极大风速的推算方案,各测风塔 50 年一遇最大风速、极大风速推算结果如表 5.11 所示。

该推算值是在当地空气密度下的值,实际应用中还应换算到标准空气密度下,才能确定风机的安全等级。

表 5.11 各测风塔 50 年一遇最大风速、极大风速(单位:m/s)

	高度	70 m	50 m	30 m	10 m
HS01	最大风速	48.5	49.0	49.0	50.0
	极大风速	67.9	68.6	68.6	70.0
HS02	最大风速	42.0	41.5	39.5	34.5
	极大风速	58.8	58.1	55.3	48.3
HS03	最大风速	47.0	46.0	43.0	38.0
	极大风速	65.8	64.4	60.2	53.2
HS04	最大风速	45.5	43.5	41.0	39.5
	极大风速	63.7	60.9	57.4	55.3
HS05	最大风速	47.0	47.5	48.0	48.0
	极大风速	65.8	66.5	67.2	67.2

5.3.10 风况参数统计

花石头风电场订正后的代表年主要风况参数见表 5.12.1 至表 5.12.5。

该风电场各测风塔 50m 高度年平均风速在 8.3～9.8 m/s 之间,风功率密度在 434～759 W/m² 之间,等级达到 4～6 级,具有很好的风能资源。

表 5.12.1 HS01 号测风塔主要风况参数表

风况参数		测量高度(m)				等级
		70 m	50 m	30 m	10 m	
风功率密度(W/m²)		745	759	782	871	6 级
年平均风速(m/s)		9.7	9.8	9.8	10.0	
风切变指数	−0.034～−0.01	最大或极大风速(m/s)		风向	发生时间	
主风向	WSW	风场最大	32.4	SW	2010 年 2 月 13 日	
平均空气密度(kg/m³)	0.866	风场极大	41.1	SW	2010 年 2 月 13 日	
年平均湍流强度 (70 m 高度,切入风速 4 m/s)	0.0997	50 年一遇 最大风速	50.0	50 年一遇 极大风速	70.0	

表 5.12.2　HS02 号测风塔主要风况参数表

风况参数		测量高度（m）				等级
		70 m	50 m	30 m	10 m	
风功率密度（W/m²）		476	434	375	253	4 级
年平均风速（m/s）		8.4	8.3	7.9	6.9	
风切变指数	0.051～0.123	最大或极大风速（m/s）		风向	发生时间	
主风向	WSW	风场最大	24.8	W	2010 年 2 月 10 日	
平均空气密度（kg/m³）	0.85788	风场极大	32.9	W	2010 年 2 月 13 日	
年平均湍流强度 （70 m 高度，切入风速 4 m/s）	0.1143	50 年一遇 最大风速	42.0	50 年一遇 极大风速	58.8	

表 5.12.3　HS03 号测风塔主要风况参数表

风况参数		测量高度（m）				等级
		70 m	50 m	30 m	10 m	
风功率密度（W/m²）		683	644	510	336	6 级
年平均风速（m/s）		9.4	9.2	8.6	7.6	
风切变指数	0.061～0.139	最大或极大风速（m/s）		风向	发生时间	
主风向	WNW	风场最大	28.2	W	2010 年 2 月 13 日	
平均空气密度（kg/m³）	0.858	风场极大	38.6	W	2010 年 4 月 25 日	
年平均湍流强度 （70 m 高度，切入风速 4 m/s）	0.1072	50 年一遇 最大风速	47.0	50 年一遇 极大风速	65.8	

表 5.12.4　HS04 号测风塔主要风况参数表

风况参数		测量高度（m）				等级
		70 m	50 m	30 m	10 m	
风功率密度（W/m²）		656	552	450	388	5 级
年平均风速（m/s）		9.1	8.7	8.2	7.9	
风切变指数	0.038～0.135	最大或极大风速（m/s）		风向	发生时间	
主风向	WSW	风场最大	27.5	SW	2010 年 2 月 13 日	
平均空气密度（kg/m³）	0.861	风场极大	37	SW	2010 年 2 月 10 日	
年平均湍流强度 （70 m 高度，切入风速 4 m/s）	0.1055	50 年一遇 最大风速	45.5	50 年一遇 极大风速	63.7	

表 5.12.5　HS05 号测风塔主要风况参数表

风况参数		测量高度(m)				等级
		70 m	50 m	30 m	10 m	
风功率密度(W/m²)		629	648	662	694	6 级
年平均风速(m/s)		9.4	9.5	9.6	9.6	
风切变指数	−0.045～−0.002	最大或极大风速（m/s）		风向	发生时间	
主风向	WSW	风场最大	24.8	WSW	2010 年 3 月 7 日	
平均空气密度(kg/m³)	0.856	风场极大	34.1	SW	2010 年 2 月 8 日	
年平均湍流强度 (70 m 高度,切入风速 4 m/s)	−0.045～−0.002	50 年一遇 最大风速	48.0	50 年一遇 极大风速	67.2	

第6章 山地风电场风能资源模拟

6.1 基于 CFD 的风场风速模拟

风电开发主要是利用近地层 100 多米以下的大气运动产生的风能,而近地层的一个特征就是湍流运动。为弄清风速随地形变化的特征,以往多用中尺度模式来模拟近地层风能资源。中尺度模式多采取地形追随坐标,通过方程组的坐标变换来描述复杂地形,空间分辨率最高只能到百米量级,且在模拟中需要对地形进行平滑,对边界层、陆面过程使用参数化方式,以得到计算上的稳定性。在平坦地形下,由于大气的垂直运动尺度远远小于水平运动尺度,参数化的方式还可以成立。但在地形复杂到大气垂直运动尺度与水平运动尺度相当时,参数化方式就不能很好适用了,这时在基本运动方程中需要增加湍流交换项,因此需要采用大气边界层模式,不然就会产生较大的误差。近些年,一些气象学者开始关注 CFD 模式处理复杂几何体的能力,逐渐将其应用到复杂地形的风场模拟中,相对于中尺度模式而言,CFD 模式的空间分辨率较高(水平格距最小可达到 10 m 量级),更加适用于模拟湍流。

CFD(Computational Fluid Dynamics),即计算流体动力学,是流体力学、计算数学及计算机科学相结合的产物。它是以电子计算机为平台,应用各种离散化的数学方法,对流体力学中的问题进行分析、模拟、实验等研究,以解决各类实际问题。计算流体力学从基本物理定理出发,用数值方法求解非线性联立的能量、质量、动量等微分方程组。它在很大程度上替代了流体动力学实验设备,在科学研究、工程技术等方面产生巨大的影响。

本节利用 CFD 模式对云南山地风电场风能资源分布进行模拟试验,以求深入地讨论云南风能资源随地形分布的特殊性。

6.1.1 CFD 基本理论

6.1.1.1 基本控制方程

(1)Navier-Stokes 方程

Navier-Stokes 方程其实就是牛顿第二定律在流体力学中的一种表示式,他们联系了作用力和流体运动参量间的关系。下式为不可压缩流体在正交直角坐标中的 Navier-Stokes 方程:

$$\frac{\partial u}{\partial t} + u\frac{\partial u}{\partial x} + v\frac{\partial u}{\partial y} + \omega\frac{\partial u}{\partial z} = F_x - \frac{1}{\rho}\frac{\partial p}{\partial x} + v\nabla^2 u$$

$$\frac{\partial v}{\partial t} + u\frac{\partial v}{\partial x} + v\frac{\partial v}{\partial y} + \omega\frac{\partial v}{\partial z} = F_y - \frac{1}{\rho}\frac{\partial p}{\partial y} + \upsilon\,\nabla^2 v$$

$$\frac{\partial w}{\partial t} + u\frac{\partial w}{\partial x} + v\frac{\partial w}{\partial y} + \omega\frac{\partial w}{\partial z} = F_z - \frac{1}{\rho}\frac{\partial p}{\partial z} + \upsilon\,\nabla^2 w \tag{6.1}$$

式中，u、v、w 分别为 x、y、z 3 个方向的速度分量，F_x、F_y、F_z 分别为 x、y、z 3 个方向的作用力的分量，p 为表面应力，ρ 为流体密度，υ 为流体粘性，t 为时间。

(2) 连续方程

连续方程即质量守恒方程，任何流动问题都必须满足质量守恒定律。由单位时间内流出控制体的净质量等于同时间间隔控制体内因密度变化而减少的质量，可导出流体流动连续性方程的微分方程形式为：

$$\frac{\partial \rho}{\partial t} + \frac{\partial(\rho u_x)}{\partial x} + \frac{\partial(\rho u_y)}{\partial y} + \frac{\partial(\rho u_z)}{\partial y} = 0 \tag{6.2}$$

式中，u_x、u_y、u_z 分别为 x、y、z 3 个风向的速度分量，t 为时间，ρ 为密度。

(3) 能量方程

能量守恒定律是包含有热交换的流动系统必须满足的基本定律，其本质是热力学第一定律。依据能量守恒定律，微元体中能量的增加率等于进入微元体的净热流量加上质量力与表面力对微元体所做的功，可得其表达式为：

$$\frac{\partial(\rho E)}{\partial t} + \nabla \cdot [\vec{u}(\rho E + p)] = \nabla \cdot \Big[k_{eff}\,\nabla T - \sum_j h_j J_j + (\tau_{eff} \cdot \vec{u})\Big] + S_h \tag{6.3}$$

式中，E 为流体微团的总能，h_j 为组分 j 的焓，k_{eff} 为有效热传导系数，J_j 为组分 j 的扩散通量；S_h 为包括了化学反应热及其他用户定义的体积热源项。

6.1.1.2 流体运动的分类

根据流体运动过程中物理属性的变化及流体的结构、流态等，可以将流体运动进行下面几种分类。

(1) 定常流动与非定常流动

定常流动是指流场中各处所有的运动要素不随时间变化，而仅与空间位置有关的流体运动。非定常流动是指流体各质点的运动要素随时间而变化的运动。因此，可以用时变加速度来区分定常流动与非定常流动。若 $\frac{\partial \vec{u}}{\partial t}=0$，可以认定是定常流动；$\frac{\partial \vec{u}}{\partial t}\neq 0$，可以认定是非定常流动；

(2) 均匀流与非均匀流

均匀流是指流速的大小和方向不随路程而改变的流动。这种稳定流动的流线是相互平行的直线，在等直径长管的中间段及水深不变的顺直渠道的恒定流动属均匀流。非均匀流是指流体过流断面沿流程改变或流动方向变化，使流速的大小和方向随路径而变化的流动。因此可以用迁移加速度来区分均匀流与非均匀流，若 $(\vec{u}\cdot\nabla)\vec{u}=0$，可近似为均匀流体；若 $(\vec{u}\cdot\nabla)\vec{u}\neq 0$，可近似为非均匀流体。

(3) 层流与湍流

层流是指流体分层流动，相邻两层流体间只做相对滑动，流体间没有横向混杂。湍流是指当流体流速超过某一数值时，流体不再保持分层流动，而可能向各个方向运动，并有可能出现涡旋。对于湍流而言，其局部速度、压强等物理量在时间、空间中都有可能发生不规则脉动。

一般是根据雷诺数的大小来判断流体是层流还是湍流运动。雷诺数的表达式为：

$$Re = \frac{vl}{\upsilon} \quad (6.4)$$

式中，v 为流体的平均速度；l 为流束的定型尺寸；υ 为流体的运动粘度。

用圆管传输流体，计算雷诺数时，定型尺寸一般取管道直径(D)，用方形管传输流体，管道定型尺寸取当量直径(D_d)。当量直径等于水力半径的四倍。对于任意截面形状的管道，其水力半径等于管道截面积与周长之比。雷诺数小，意味着流体流动时各质点间的粘性力占主要地位，流体各质点平行于管路内壁有规则地流动，呈层流流动状态。雷诺数大，意味着惯性力占主要地位，流体呈湍流流动状态，一般管道雷诺数 $Re < 2000$ 为层流状态，$Re > 4000$ 为湍流状态，$Re = 2000 \sim 4000$ 为过渡状态。

(4) 不可压缩与可压缩流

不可压缩流是密度不发生变化的流体运动，相反，流体运动时密度发生改变称为可压缩流，为了实用的目的，一般假设流体(包含液体和气体)在低速运动时为不可压缩流，这样往往可以获得良好的近似结果。

6.1.1.3　湍流模型

风能资源开发主要在近地层，而近地层大气的一大特征就是湍流，湍流是流体在空间中不规则、时间上无秩序的一种高度复杂的非线性运动。在湍流中流体的各个物理参数，如温度、速度、压强等都随空间、时间发生随机变化。目前在计算流体力学中常用三种湍流的数值模拟方法：

(1) 直接模拟方法

直接数值模拟方法特点在湍流尺度下的网格尺寸内不引入任何封闭模型的前提下直接求解 Navier-Stokes 方程。这种方法可以对湍流中最小尺度涡进行求解，因此，计算时必须采用空间步长和时间尺度，才能分辨出湍流中微小的空间结构及剧烈变化的时间特性。由于以上原因，直接数值模拟方法目前仅限于较低的雷诺数湍流模型。另外，利用直接数值模拟方法对湍流运动进行数值模拟时，对计算机也有很高的要求，需要的内存及计算速度非常高，因此目前直接数值模拟方法还无法应用于工程计算去解决实际问题。

(2) 大涡模拟

大涡模拟方法是基于网格尺度封闭模型及对大尺度涡对 Navier-Stokes 方程进行直接求解，其网格尺度要比湍流尺度大，可以模拟湍流发展过程中的一些细节，但其计算量仍非常大，当前也仅用于管流及比较简单的剪切流运动。大涡模拟方法对计算机的内存和处理速度的要求虽然仍很高，但是远远低于直接数值模拟方法对计算机的要求，因此近年来的研究与应用日趋广泛。

(3) 雷诺时均方程模拟方法

由于湍流机理、规律非常复杂，目前尚未找到处理各种湍流情况都十分有效的模型。但是很多的研究和数值模拟结果表明，实际工程中现实可行的湍流模拟方法仍然是基于求解雷诺时均方程及关联量输运方程的湍流模拟方法，即统观模拟方法。统观模拟方法是用低阶关联量和平均流性质来模拟未知的高阶关联项，从而封闭关联项方程或平均方程组。虽然统观模拟方法在湍流理论中是比较简单的模型，但在处理实际问题时，却是最有效、最经济的方法。在统观模型中，积累经验最丰富、使用时间最长的是混合长度模型和 k-ε 两种模型。其中混合长度模型的优点是简单、直观、无须增加微分方程。缺点是忽略了湍流的扩散与对流,在复杂湍流流动中混合长度很难确定。当前,k-ε 湍流模型已经被证明对于内部的非稳态或稳态充分发展的湍流都很适用,用其结合有效的壁面函数法,可以得到满意的模拟结果。

6.1.1.4 有限体积法

CFD 控制方程是非线性偏微分方程组,无法精确得到流动现象的解析解,因此,需借助离散方法求解。对流场空间进行离散,即生成计算网格,这是数值求解 Navier-Stokes 方程组的前提。其中有限体积法因其计算效率高而成为近年来发展非常迅速的一种离散方法,目前在 CFD 领域广泛应用。

有限体积法将所有计算的区域划分成一系列控制体积,每个控制体积都用一个节点作代表,通过将控制方程对控制体积作积分来求解离散方程。在积分时,需要对控制体积界面上的被求函数本身及其一阶导数的构成做出假定,由于扩散项多是采用二阶精度的线性插值,因此,格式的区别主要体现在对流项上。有限体积法导出的离散方程具有守恒特征,且方程系数的物理意义明确,是目前流动问题数值中应用最广泛的一种方法。

6.1.1.5 边界条件

(1)入口和出口边界条件

1)速度边界:需设置入口速度及湍流参数。入口速度既可以设置为固定值,也可以通过 UDF(User-Defined Function,用户自定义函数)编程实现不同的速度分布。湍流参数即通过湍流强度、湍流粘度比、水力直径或湍流特征长度来定义流场边界上的湍流。

2)压力边界和其他。

(2)壁面边界

包含无滑移壁面、自由滑移壁面等,壁面需要设置粗糙度与粗糙常数。粗糙度也就是粗糙度厚度,如果其等于 0,则认为是光滑的。粗糙度表示地表(包括水面、陆面、植被)的粗糙程度,具有长度的量纲。粗糙度在数值上为贴近地面平均风速为零处的高度,但在物理上这一高度并不真正存在。在实际工作中,粗糙度可利用中性大气条件下实测的风速廓线来推算。常用的粗糙度如表 6.1 所示。

粗糙度常数:对于均匀砂粒表面一般设为 0.5,对非均匀砂粒表面,一般设为 0.5~1.0。

表 6.1 常用地表粗糙度

地表类型	粗糙度(m)	地表类型	粗糙度(m)
雪地	0.001~0.006	森林	0.80~1.00
空旷草原	0.01~0.04	市郊	0.80~1.20
高草地	0.04~0.10	大城市中心	2.00~3.00

6.1.2 坡度对二维山地风场的影响

6.1.2.1 计算模型

为了研究坡度对山地风场的影响,选取六种典型坡度的山脉进行分析,坡度分别为 20°、30°、45°、60°、70°、90°。山体形状为钟形,高度为 500 m,其形状公式为:

$$y = H\cos^2(x\pi\tan(\alpha)/2H) \tag{6.5}$$

式中,x 为水平位置,y 为垂直高度,H 为山体脊线高度,α 为坡度(用弧度)。

模拟所用模型为近似正方形，边长为 3 m，模型与实体的比例为 1:1000，模型底边由钟形山脉和地平线组成，且以钟形山脉的脊线为中轴，呈左右对称，模型使用直角坐标系，坐标原点为山脉脊线在地平线上的投影点，模型采用三角形网格划分，如图 6.1 所示。

6.1.2.2 初始条件设置

(1) 出入口边界条件

入口类型为速度入口，入口风速垂直廓线采用幂指数公式，在我国规范中定义了四类风切变指数（0.12、0.16、0.22、0.30）中，结合云南实际模拟时取 $\alpha=0.16$。10 m 高度处风速设为 2 m/s，风速垂直廓线由 UDF 编程输入。湍流强度选择充分发展湍流强度 10%。出口采用出流（outflow）边界条件。

图 6.1　二维模型及坐标系

(2) 壁面边界条件

顶部壁面采用对称边界条件（symmetry），地面及山体采用无滑移的壁面条件（wall）。其中地表粗糙度为 0.0008 m，粗糙常数为 0.5，温度为 288 K。

(3) 计算模型

湍流模型采用 realizable k-ε 模型。

6.1.2.3 模拟结果分析

(1) 当坡度为 20°时，迎风坡、背风坡流线弯曲度均比较小，流线最密集区出现在山脊正上部（图 6.2b），该区域是最大风速区（图 6.2a），其中山脊风速加速比（本节是指山脊上 70 m 高度风速与同高度入口风速的比值）为 1.8（图 6.2d）。山脊以上 70 m 高度风速水平分布（图 6.2d），在靠近山脊两侧的 500 m 内呈现对称分布，而迎风坡中部垂直风速分布（以下简称迎风坡垂直风速）比背风坡中部垂直风速分布（以下简称背风坡垂直风速）变化幅度要小（图 6.2c）。

(2) 当坡度增加到 30°时，迎风坡流线弯曲度加大，背风坡流线中出现了一个涡旋，涡旋高度比较小，其中心较低且偏向山脚一边（图 6.3b），涡旋内部风速较小，中心区域接近静风（图 6.3a），流线最密集区仍然出现在山脊附近，该区域是最大风速区，但是区域面积较 20°时有所减小，其中山脊风速加速比为 1.7，并且有向背风坡上空延伸的趋势。在垂直方向上，迎风坡垂直风速变化比较平稳，背风坡由于涡旋的出现，垂直风速出现了一个小的波动，先减后增，在 500~2500 m 之间，背风坡风速明显大于迎风坡风速（图 6.3c）。在水平方向上，从山脊以上 70 m 高度风速可以看到，迎风坡风速缓慢增加，背风坡风速先下降，在山脊之后 400 m 左右出现一个风速平台，其风速维持在 5 m/s 左右（图 6.3d）。

(3) 当坡度增加到 45°时，迎风坡山脚已经有明显空气堆积，堆积处近乎静风（图 6.4a），背风坡流线涡旋增大，涡旋中心向山脊方向移动，流线最密集区由山脊前部延伸到背风坡旋涡上方，呈带状分布（图 6.4b），该区域也是最大风速区，其中山脊风速加速比为 1.6，在垂直方向上，迎风坡、背风坡风速均与 30°坡面相似，只是背风坡风速波动增大（图 6.4c），在水平方向上，从山脊以上 70 m 高度风速可以看到，迎风坡风速 30°坡面相似，背风坡风速先快速下降，在山脊之后 250 m 左右又开始陡增，当风速达到 6 m/s 又进入一个平台区（图 6.4d）。

第6章 山地风电场风能资源模拟

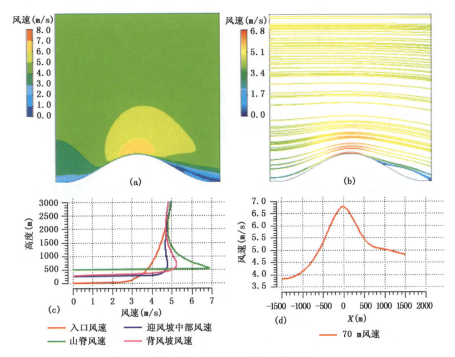

图 6.2 20°山脉风速分布状况

(a)风速剖面图;(b)为风场流线图;(c)入口风速、迎风坡中部风速、山脊风速及背风坡风速的垂直分布;(d)山脊 70 m 高度的风速水平分布

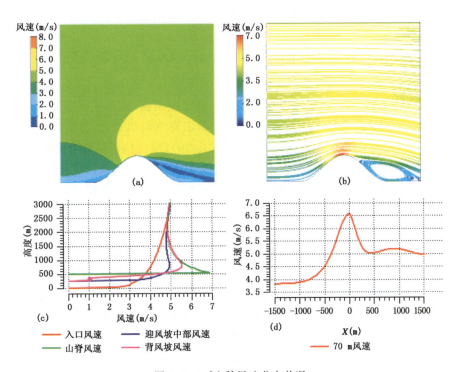

图 6.3 30°山脉风速分布状况

(a)风速剖面图;(b)为风场流线图;(c)入口风速、迎风坡中部风速、山脊风速及背风坡风速的垂直分布;(d)山脊 70 m 高度的风速水平分布

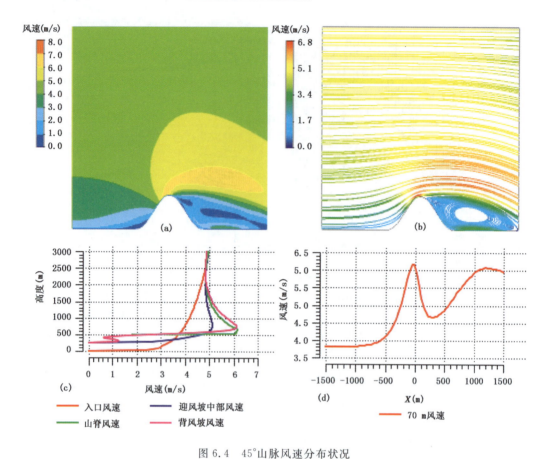

图 6.4　45°山脉风速分布状况
(a)风速剖面图;(b)为风场流线图;(c)入口风速、迎风坡中部风速、山脊风速及背风坡风速的
垂直分布;(d)山脊 70 m 高度的风速水平分布

(4)当坡度增加到 60°时,迎风坡山脚堆积空气已形成涡旋,阻止了一部分气流的爬升,背风坡流线中涡旋高度达到脊线高度,涡旋中心继续向山脊方向移动,山坡附近涡旋风速增大,流线最密集区已经完全出现在背风坡涡旋上空(图 6.5b),该区域也是最大风速区(图 6.5a),其山脊风速加速比较 45°下降比较明显为 1.4。在垂直方向上,迎风坡风速与 45°时相似,而背风坡由于山坡附近涡旋风速增大,风速波动减小(图 6.5c),在水平方向上,从山脊以上 70 m 高度风速可以看到,迎风坡风与 45°近似,背风坡风速先快速下降,在山脊之后 200 m 左右又开始呈现增加趋势(图 6.5d)。

(5)当坡度增加到 70°时,迎风坡流线中山脚涡旋已经比较大,背风坡涡旋高度已超过脊线高度,中心继续向山脊方向移动,涡旋周边风速都在增大(图 6.6b),最大风速区与 60°坡面相似,只是强度有所增强(图 6.6a),其山脊风速加速比为 1.3。在垂直方向上,迎风坡与 60°坡面时相似,在背风坡由于山坡附近涡旋风速增大,垂直风速波动继续减小(图 6.6c),在水平方向上,从山脊以上 70 m 高度风速可以看到,迎风坡风速与 60°坡面近似,背风坡风速先快速下降,在山脊之后 400 m 左右又开始迅速上升,且最大风速超过山脊风速(图 6.6d)。

(6)当坡度增加到 90°时,迎风坡流线中旋涡高度已经到达到半个山体高度,但涡旋内部风速比较小,背风坡涡旋高度已超过山脊很多,涡旋边缘风速继续增大(图 6.7b),最大风速区

第6章 山地风电场风能资源模拟

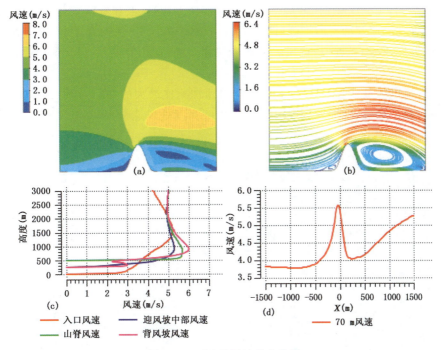

图 6.5 60°山脉风速分布状况

(a)风速剖面图;(b)为风场流线图;(c)入口风速、迎风坡中部风速、山脊风速及背风坡风速的垂直分布;(d)山脊 70 m 高度的风速水平分布

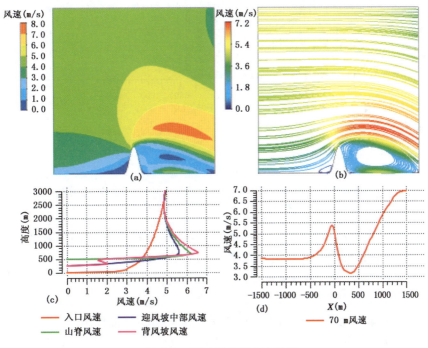

图 6.6 70°山脉风速分布状况

(a)风速剖面图;(b)为风场流线图;(c)入口风速、山脊风速及背风坡风速的垂直分布;(d)山脊 70 m 高度的风速水平分布

与70°坡面相似,只是强度更强(图6.7a),在垂直方向上,迎风坡和脊线重合,其风速变化比较平稳,背风坡垂直风速波动有所增强(图6.7c)。在水平方向上,从山脊以上70 m高度风速可以看到,迎风坡风速与70°近似,背风坡风速先快速下降,在山脊之后200 m左右又开始迅速上升,达到7 m/s左右出现一个平台区(图6.7d)。

为了研究风电场最佳开发坡度,针对山脊风速加速比最大的20°,对其±5°,以1°为间隔,分别建模进行模拟分析,结果发现22°山脊上70 m高度处风速最大,达到7 m/s,风速加速比接近1.9。

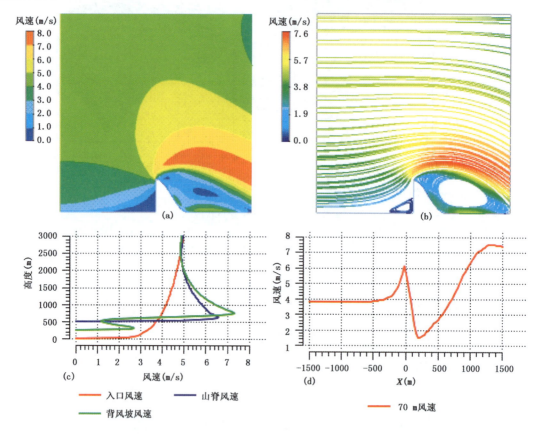

图6.7　90°山脉风速分布状况
(a)风速剖面图;(b)为风场流线图;(c)入口风速、山脊风速及背风坡风速的
垂直分布;(d)山脊70 m高度的风速水平分布

图6.8为20°、22°、25°、30°山脊70 m高度的风速水平分布,从图中可以看到,在山脊附近(水平轴0处)22°风速最大,20°和25°比较接近,30°的风速最小。

综合而言,无论哪种坡度,山脊风速总是大于迎风坡和背风坡的风速,背风坡由于有较大涡旋的出现(≥20°时),其风速、风向变化远比迎风坡、山脊复杂,当坡度较小时,山脉的翻越作用比较明显,山脊风速加速比较大,当坡度逐渐变大时,山脉的屏障作用开始凸显,一部分气流被阻塞,大风区逐渐向背风坡高空转移,山脊附近的大风区域变小,山脊风速加速比明显下降。就风电场开发而言,坡度在20°~25°之间的山脊比较理想。

第6章 山地风电场风能资源模拟

图6.8 20°、22°、25°、30°山脊70 m高度的风速水平分布

6.1.3 实际三维风场模拟及对比

6.1.3.1 数据及计算模型

为了验证CFD应用于复杂地形风场模拟的可行性,依据下列原则选取拟建风电场作为模拟试验:一是主导风来风方向为开阔平地,容易确定入口风速;二是面积比较小,既可以模拟气流翻越过程,也可以模拟气流绕流现象。

综合考虑上述原则,选取云南东部LM风电场为模拟区,其主导风(西南风)来风方向为一开阔平地,场区面积比较小,且容易通过与周边气象站实测风速进行对比分析。

计算所用模型为近似长方体,与实体的比例为1:1000,模型高3 m,顶部为正方形,底部为LM风电场CAD三维地形,风速的输入面为风电场的盛行风向(SW)。

图6.9为地形模型,该三维地形是通过对美国SRTM(Shuttle Radar Topography Mission)90 m×90 m分辨率DEM数据编程、逆向工程构造曲面及CAD建模得到,其中SRTM数据可以直接由网上下载。

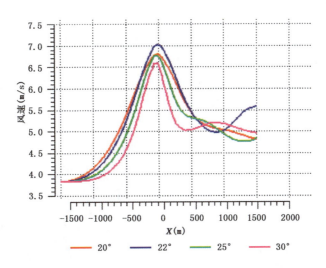

图6.9 CAD三维地形模型

6.1.3.2 初始条件设置

入口类型为速度入口,入口风速场分布为:水平风速相等,垂直方向风速采用幂指数形式,切变指数选取$\alpha=0.16$(兼顾风电场实测切变指数和国标规定),10m高度风速选取周边气象站2010年平均风速2.3 m/s,其他设置均与上节相同。

6.1.3.3 模拟结果分析

从图6.10可知,气流在山前分为两部分,一部分翻越山脉,一部分绕流,翻越气流在迎风坡风速逐渐增大,到达山脊上部达到最大,越过山脊之后,大部分气流继续向前方移动,一小部

分气流在背风坡开始转向,向山脚下吹,出现小的涡旋及乱流,风速逐渐变小,另一部分绕流气流,通过山的侧边时风速加大,而到达背风面时,则因气流辐散,风速急剧减小。

图 6.11 中,圆圈处为测风塔所在位置,从该位置的两个相互正交的垂直方向风速剖面图可以看出,测风塔位于大风速区域的边缘。由于 LM 风电场迎风坡山势较陡,风速最大区域出现在山脊上靠近背风坡的高空,与前面二维山脉风速与坡度的关系结论相同。

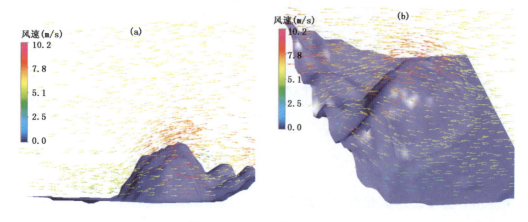

图 6.10　LM 风电场三维风场

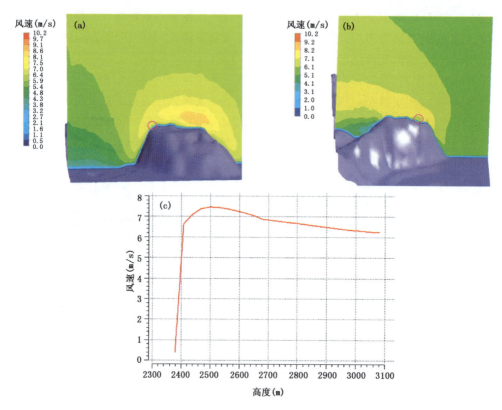

图 6.11　气象站测风塔所在位置风速分布
(a),(b)为测风塔所在位置相互正交的垂直方向风速剖面图,红圈为测风塔所在位置;
(c)为测风塔所在位置风速的垂直分布图

从表 6.2 中测风塔实测数据与模拟数据的对比可知,测风塔低层风速模拟比较差,主要是因为,模拟所用地形数据精确度不够及下垫面粗糙度设置误差所致(CFD 整个下垫面粗糙度,难以根据局部细节进行设置),而在高层风速比较吻合,说明 CFD 对复杂山地风电场高层(70m 左右)风况具有较好的模拟效果。

表 6.2　气象测风塔模拟风速与实际风速对比

高度(m)	模拟风速(m/s)	实测风速(m/s)	风速相差(%)
10	2.6	5.2	−50.0
30	6.6	6.3	4.8
50	6.9	6.9	0.0
70	7.2	7.1	1.4

总而言之,由于在 CFD 模式中采用了一般中尺度模式不曾采用的 CAD 建模、非结构化网格以及有限体积法等技术,可以实现复杂(陡峭)地形上的风场模拟,完成普通中尺度模式难以完成的任务。但同时,我们可以看到,CFD 模拟结果,对输入风速场、地表粗糙度等的精确度非常敏感,而这些初始条件在具体风电场中往往很难准确设置。

6.1.4　模拟结果讨论

CFD 对二维风场进行了坡度的诊断分析,然后又通过模拟三维实际地形下风场的分布,可以看到下列特征:

(1)当坡度较小时,山脉的翻越作用比较明显,山脊风速加速比较大,当坡度逐渐变大时,山脉的屏障作用开始凸显,山脊风速加速比变小。就风电场开发而言,坡度在 20°～25°之间的山脊比较理想。

(2)无论哪种坡度,山脊风速总是大于迎风坡和背风坡的风速,就风机布设而言,机位选址须在山脊附近。

(3)通用 CFD 模式可以比较理想地模拟出复杂山地高层(70m 左右)风况分布。但是该软件的模拟结果对边界条件非常敏感,尤其是对入口风速场的准确性更加敏感。由于山区风况复杂,多数风电场入口风速场很难精确算出,所以通用 CFD 更适合用来做风电场诊断分析及通过其模拟的风场为测风塔选择有代表性的位置,而不太适合风电场精细化资源评估。

6.2　基于 WAsP 的山地风电场风能资源模拟

对于一个拟建风电场,在风能资源评估完成以后,必须基于场址实测风况进行数值模拟,以获得场区内风能资源的精细化分布,为工程设计打好基础。

目前已有一些专业的微尺度风能模式被应用,如 WAsP、WindSim、WindFarmer 等,其中 WAsP 是目前陆上风电场设计过程中最著名、也是使用最广泛的一种模型。为进一步分析云南山地风电场的风能资源特性,本节用 WAsP 对位于云南东部的 JT 风电场进行数据分析模拟。

6.2.1　WAsP 简介

WAsP(Wind Atlas Analysis and Application Program)是丹麦 Riso 国家实验室在 Jackson he Hunt 理论基础上发展的一个用于风电场资源分析的微尺度线性风场诊断模式,依靠地转风原理及单点的测风资料来推算周围区域风场的风能资源分布,WAsP 适用于面积在 100 km² 的小范围风资源的调查。

WAsP 有下列 4 个功能模块:

6.2.1.1 地图编辑模块

该模块主要有以下 3 个功能:

(1)可以将通用等高线数据格式转换为 WAsP 专用格式;

(2)可以将地图的经纬度坐标转变为 UTM 投影坐标(WAsP 分析中使用的地图坐标);

(3)根据实际地形中的不同植被、建筑物特性,在地图中设置地表粗糙度。

6.2.1.2 原始数据分析

该模块的功能是,对风电场中测风塔某高度上连续一年以上的风速、方向观测序列以风向为区间,对进行频率、平均风速、平均风功率密度统计及风频威布尔分布拟合(给出参数 A、K 值)。其中威布尔分布用下式表示:

$$f(x) = \frac{K}{A}(\frac{x}{A})^{K-1}\exp\left[-(\frac{x}{A})^K\right] \tag{6.6}$$

式中,$f(x)$ 为概率密度函数,A 为尺度参数,K 为形状参数。

6.2.1.3 风图谱数据生成

该模块的功能是,用分析后的测风数据,结合数字地图,计算生成测风数据的风图谱,风图谱是指剔除粗糙度、地形等各种影响因素而生成的标准条件下的风况,代表着考察区域内大范围的天气系统的规律。

6.2.1.4 风能评估

该模块的功能是,用已经求出的测风塔风图谱数据,根据地形、地貌、地表粗糙度等特征,推算风电场中某点、或者某个区域一定高度上风速及风功率密度的分布,进而可以研究风机的布设及发电量的计算,其中 GENERALIZED REGIONAL WIND CLIMATOLOGY 为测风塔的实测数据或者最终的预测结果,而 WIND CLIMATOLOGY OF SPECIFIC LOCATION 为测风塔所在点的风图谱数据。

6.2.2 基础数据

6.2.2.1 测风塔观测数据

JT 风电场设有两座 70 m 高度测风塔,编号分别为 1 和 2。每座塔分别在 10 m、30 m、50 m 和 70 m 高度安装风速仪,在 10 m 和 70 m 高度安装风向仪,同时在 10 m 安装了气温和气压测量仪器,测风塔观测时段为 2010 年 1 月 1 日至 2010 年 12 月 31 日,模式的输入数据为两测风塔 70 m 高度风速、风向数据,其他层数据只用来进行检验。

6.2.2.2 地形数据

对于 WAsP 模拟而言,地图数据精度越高,模拟出的结果越准确。以研究为目的模拟,应用网上公开的美国 SRTM(Shuttle Radar Topography Mission)地形数据,其精度为 90 m×90 m,已经可以满足要求。SRTM 数据可以从网上直接下载,但是下载之后的数据为 dem(数值高程）数据，WAsP 无法直接使用，需通过通用的地理信息裁剪，并转换为等高线后才能导入 WAsP 使用。所使用的等高线高程间隔为 10 m，并根据现场照片设置地表粗糙度，粗糙度依据表 6.1 设置。

JT 风电场分布在两条近似垂直的山脊之上，一条为 SE—NW 走向，山脊较高，在场址西边，一条为 NE—SW 走向，山脊较矮，在场址东面，西边山脊高出东边山脊近 100 m，场址内地势陡峭，地形复杂，见图 6.12，图中红色、紫色等高线为海拔较高区域，绿色为海拔较低区域。

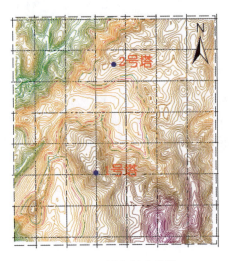

图 6.12 风电场示意图

6.2.3 技术方法

主要是针对该风电场观测年的平均风速、风向分布、平均风功率密度三个参数进行模拟研究的。具体方案如下：

先用一个测风塔的 70 m 高度风速、风向数据作为输入场，生成风图谱数据，然后对另一个测风塔的 10 m、30 m、50 m、70 m 风速及 10 m、70 m 风向进行模拟，与实测数据对比，然后再用另一个测风塔的 70 m 高度风速、风向数据作为输入场，对第一个测风塔进行模拟，分析 WAsP 对云南复杂地形是否可以精确模拟，如果可以，就用效果较好的测风塔作为输入场，对该风电场部分区域进行模拟，并分析模拟结果。

6.2.4 结果分析

6.2.4.1 以 1 号塔为输入场

表 6.3 给出了 JT 风电场 2 号测风塔 10 m、30 m、50 m 及 70 m 高度平均风速、平均风功率密度的模拟结果与观测结果的对比。其中风速偏差和风功率密度偏差均为模拟值减去实测值，再除以实测值，再乘以 100 所得，可以看出，2 号测风塔 70 m、50 m 的风速模拟与观测年平均风速非常接近，均在 2% 以内，2 号测风塔 70 m 的风功率密度模拟值与实测值偏差更小为 −1.4%，50 m 也只有 6.2%，表明用 1 号测风塔对 2 号测风塔的高层风速、风功率密度模拟效果非常好，而在低层，尤其是 10 m 无论是风速、还是风功率都有较大的偏差，这主要是因为，低层风速容易受到微地形、地表粗糙度等的影响，而我们模拟所使用的地形文件精度不高，地

表粗糙度也设置的比较粗略,因此,风速、风功率密度差异比较大。由于风机轮毂高度近似在 70 m,所以低层的模拟结果对整个风电场风能资源的评估影响不大。

表 6.3 2 号测风塔模拟值与实测值对比

项目 高度	风速 模拟值 (m/s)	风速 实测值 (m/s)	风速偏差 (%)	风功率密 度模拟值 (m/s)	风功率密 度实测值 (m/s)	风功率 密度偏差 (%)
70 m	5.4	5.3	1.9	144.1	146.1	−1.4
50 m	5.1	5.0	2.0	132.5	124.8	6.2
30 m	4.6	4.7	−2.1	114.8	106.8	7.5
10 m	3.5	4.4	−20.5	58.6	84.0	−30.3

由图 6.13 可知,70 m 风向模拟区间分布比较广,涵盖 ESE—SSW 而且频率比较均匀,而实测风速主要集中在 SW—W 这个区间,这可能的原因是,2 号测风塔位于 1 号塔的主风向的下风风向,且高度比较矮,受到前方 1 号塔所在山脊的遮挡,所有 WAsP 较难模拟出 2 号测风塔 70 m 准确的风向,但是总的区间还是比较一致。

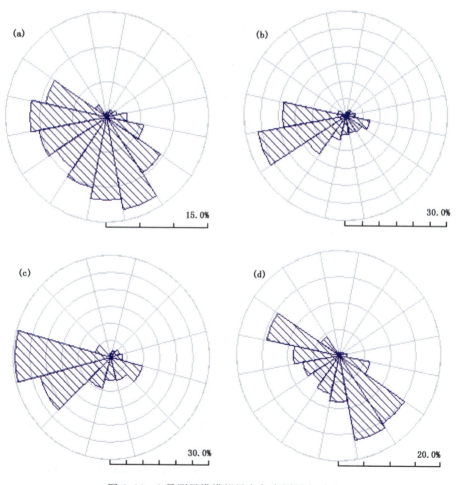

图 6.13 2 号测风塔模拟风向与实测风向对比
(a)为 70 m 模拟风向;(b)为 70 m 实测风向;(c)为 10 m 模拟风向;(d)为 10 m 实测风向

对于 10 m 风向,由于受下垫面影响比较大,1 号塔实测的风向比较混乱,因此,模拟结果也不是很好。

6.2.4.2 以 2 号塔为输入场

表 6.4 给出了 1 号测风塔 10 m、30 m、50 m 及 70 m 高度观测年平均风速、平均风功率密度的模拟结果与观测结果的对比。可以看出,无论是风速还是风功率密度各层的模拟效果都非常差,可能的原因是,WAsP 用处于背风坡、且山脊走向与盛行风平行的山脊对迎风坡的预估比较差。

表 6.4 1 号测风塔模拟值与实测值对比

高度 项目	风速模拟值(m/s)	风速实测值(m/s)	风速偏差(%)	风功率密度模拟值(m/s)	风功率密度实测值(m/s)	风功率密度偏差(%)
70 m	8.1	6.5	24.6	583.5	244.2	138.9
50 m	7.9	6.2	27.4	572.1	204.7	179.5
30 m	7.5	5.6	33.9	527.2	165.8	218.0
10 m	7	3.5	100.0	474.7	54.7	767.8

由图 6.14 可知,对 1 号测风塔 70 m 高度的盛行风的方向模拟比较准确,只是比较集中在 SSW 方向上,而实际风在 SSW—WSW 区间分布比较均匀,10 m 高度风向模拟效果也不错,总体而言,风向模拟效果不错。

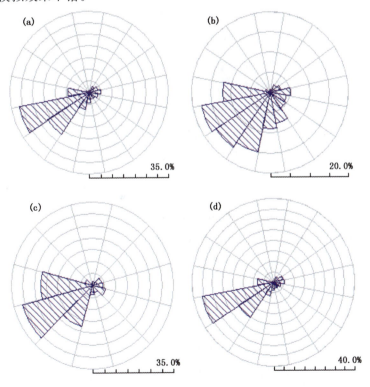

图 6.14 2 号测风塔模拟风向与实测风向对比
(a)为 70 m 模拟风向;(b)为 70 m 实测风向;(c)为 10 m 模拟风向;(d)为 10 m 实测风向

6.2.4.3 对重点区域的风速及风功率进行模拟

从两个测风塔的实测数据可以看出，2号测风塔所在区域现阶段不具有开发价值，而1号测风塔代表的区域有一定的开发价值，但是究竟1号测风塔所在的山脊哪些位置风速和风功率密度比较大，适合以后布设风机，下面我们就对1号测风塔所在的山脊部分区域进行风速和风能资源模拟。

从上面分别用两个测风塔70 m高度风速、风向作为输入场的对比来看，用2号测风塔虽然风向模拟不错，但是风速和风功率模拟效果实在太差，用1号测风塔模拟风电场，其高层风速和风功率都比较好，风向虽然不是那么理想，但是盛行风的趋势比较一致，因此，本次模拟用1号测风塔作为初始场，模拟区域如图6.15所示。

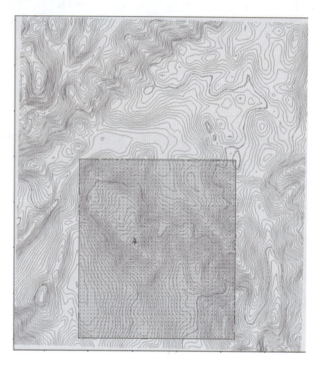

图 6.15 模拟区域

模拟结果见图6.16。从图中可以看出，评估区域的风速介于3.26~6.66 m/s之间，平均风速4.86 m/s，山脊风速明显高于山腰和山谷，且迎风坡的山谷风速大于背风坡的山谷风速，从风功率密度来看，评估区域的风功率密度介于35~285 W/m^2之间，平均风功率135 W/m^2。海拔高的区域风功率密度明显比较大。

6.2.5 讨论

通过以上一系列的模拟可知，WAsP软件对云南复杂地形风电场的较高层(70 m)风速、风功率密度模拟效果比较好，相比较而言，低层尤其是10 m高度的风速、风功率密度模拟结果与观测数据差别比较大。模拟得到的平均风速、平均风功率密度分布基本上能够反映区域地形特点。同时，软件可以较好地模拟70 m高度的主导风向。用1号和2号测风塔相互模拟

第6章 山地风电场风能资源模拟

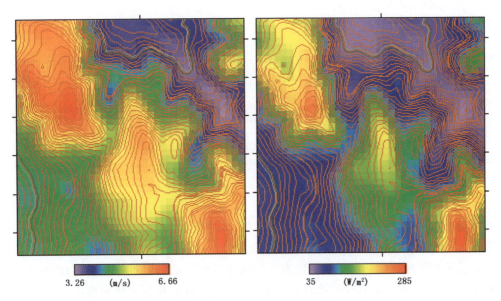

图6.16 评估区域风速(左)和风功率密度(右)模拟

的结果来看,用一个地形相对简单、海拔较高、且在主导风上风方向的观测塔来模拟其他地点的观测塔,更有可能得到理想的模拟结果。

虽然本章应用WAsP只对一个云南风电场做了风速、风功率密度对比分析及风能资源评估,但是该风电场地形陡峭,并且两条山脊分别与主导风方向垂直和平行,能够反映云南绝大多数风电场的分布状况,因此,可以认为,通过WAsP软件,并应用具有较好代表性的测风塔数据,可以对云南复杂山地风电场做出科学、可靠的风能资源评估。

第7章 风电场风能资源评估的技术方法

风电场是否具备开发条件受诸多的因素限制,其中首要条件是风能资源。如果风速小,风能资源不具备开发条件,那么这个风电场就不能建立。

风电场风能资源评估是利用具有代表性的风能资源观测资料进行分析,判断风电场是否具有开发价值,其开发价值处于什么样的水平,在开发中应怎样合理地利用风能资源,并对风电场开发的其他气象影响因素进行分析。因此,风能资源评估是风电场进行工程开发的首要环节。

风电场风能资源评估须按下列程序进行:首先是在拟建风电场场址上建立测风塔,开展风能资源测量,获得实地观测资料;其次是对已经获得的观测数据进行检验、插补、订正处理,以获得具有气候代表性的风况数据;再次是利用订正后的数据进行风况参数计算,分析风能资源的各个指标和参数;最后是对风电场风能资源开发条件的综合评估,编制风能资源评价报告。

云南风电场的风能资源评估主要依据《风电场风能资源测量方法》(GB/T18709)、《风电场风能资源评估方法》(GB/T18710)、《风电场气象观测及资料审核、订正技术规范》(QX/T74)等国家标准和行业标准。由于地处低纬高原,气候环境特殊,风电场又多处于高海拔地带,地形复杂,风能资源的分布及变化规律与平原和沿海地区差别较大。在实践过程中,上述标准出现了诸多不适用的情况。针对这种情况,云南的气候工作者对其进行补充和细化,并对评估报告的编制办法进行了规范,使之更符合云南实际。2013年5月,云南省质量技术监督局发布《地方标准批准发布公告》(2013年第6号),适用于云南省复杂地形和复杂风况的《风电场风能资源测量技术规范》(DB53/T 469—2013)、《风电场风能资源测量数据处理及评估技术规范》(DB53/T 470—2013)和《风电场风能资源评估报告编制规范》(DB53/T 471—2013)等3个地方标准将于2013年7月1日起实施。

本章介绍适用于云南的风电场选址、风能资源测量、观测数据检验及订正、风能资源评估的技术方法,以及风能资源评估报告编制的要求。

7.1 风电场选址

开发风电场的第一步是场址选择,即依据区域风能资源的分布状况,在风能资源富集区寻找适合于风电场建设的场地。

良好的风电场场址除了必须具备较丰富的风能资源以外,还应同时具备良好的工程建设等其他条件,在选址时一并加以考虑。

7.1.1 风能资源判断

风电场最基本的条件是要有能量丰富、风向稳定的风能资源,选择风电场场址时应选择在风能资源丰富区域。

现有测风数据是最有价值的资料,《云南省风能资源详查和评估报告》绘制的风能资源分布图标明了风能丰富的区域,可用于指导宏观选址。

针对初选的场址,应尽量收集场区内已有的测风数据或附近已建风电场的运行记录,对场址风能资源进行宏观判断和评估。

某些地区完全没有或者只有很少的现成测风数据;还有些区域地形复杂,即使有现成资料用来推算测站附近的风况,其可靠性也受到限制,在风电场场址选择时可采用以下定性方法初步判断风能资源是否丰富:

7.1.1.1 地形地貌特征判别法

可利用地形地貌特征,对缺少现成测风数据的场址进行风能资源粗估。地形图是表明地形地貌特征的主要工具,应采用1:50000的地形图,它能够较详细地反映出地形特征。一般而言,云南风能资源集中的区域均在海拔较高的区域。

(1)下列地形一般易出现较大的平均风速:
——与主导风方向垂直的山脊;
——隆起的高山台地;
——大地形处于与主导风向平行的峡谷。

(2)从地形图上可以判别为平均风速较低的典型地形是:
——坝区(山间小盆地);
——表面粗糙度大的区域,例如森林覆盖的平地;
——垂直于高处盛行风向的峡谷。

7.1.1.2 植物变形判别法

年平均风速是与树的变形程度最相关的因素。植物因长期被风吹而导致永久变形的程度可以反映该地区风力特性的一般情况。特别是树的高度和形状能够作为记录多年持续的风力强度和主风向的证据。树的变形受几种因素影响,包括树的种类、高度、暴露在风中的程度、生长季节和非生长季节的平均风速、年平均风速和持续的风向。

7.1.1.3 植被判别法

高海拔地区的地表植被会受风的影响,在云南山地,风速大的地方的植被往往是高山草甸或低矮灌木,高大乔木不易生长,考察植被状况有助于初步了解当地的风况。

7.1.1.4 当地居民调查判别法

有些地区由于气候的特殊性,各种风况特征不明显,可通过对当地长期居住居民的询问调查,定性了解该地区风能资源的情况。

7.1.2 工程建设条件分析

7.1.2.1 资源利用条件

所选场址在主导风向上应尽可能开阔、宽敞,障碍物尽量少;场区地面粗糙度低,对风速影响小。

7.1.2.2 并网条件

并网风电场场址应尽量靠近合适电压等级的变电站或电网,并网点容量应足够大,便于建成以后上网。

7.1.2.3 对外交通

在云南,风能资源丰富的地区一般都在比较偏远的山地高海拔地区,大多数场址需要拓宽现有道路并新修部分道路以满足设备的运输要求。在风电场选址时,应了解候选风场周围交通运输情况,对风能资源相似的场址,尽量选择那些离已有公路较近,对外交通方便的场址,以利于减少道路的投资。

7.1.2.4 施工安装条件

收集候选场址周围地形图,分析地形情况。地形复杂不利于设备的运输、安装和管理,装机规模也受到限制,难以实现规模开发,场内交通道路投资相对也大。因此,应选择地形相对简单的场址。

7.1.2.5 工程地质条件判断

在风电场选址时,应尽量选择地震烈度小,工程地质和水文地质条件较好的场址。作为风电机组基础持力层的岩层或土层应厚度较大、变化较小、土质均匀、承载力能满足风电机组基础的要求。

7.1.2.6 环境保护要求

风电场选址时应注意与附近居民、工厂、企事业单位(点)保持适当距离,尽量减小噪音污染;应避开自然保护区、风景名胜区、候鸟迁徙通道、水源保护区以及其他环境敏感地区等。

7.1.2.7 土地占用

查清风电场的土地属性,应尽可能选择荒山荒地,避免占用基本农田、国家公益林,并尽可能少占耕地。

7.1.2.8 矿产压覆

查清拟选场址是否有矿产压覆,避免因采矿权或探矿权对风电场建设的影响。

7.1.2.9 装机规模估算

在风电场选址时,应根据风电场地形条件及风况特征,初步拟定风电场规划装机规模,布置拟安装的风电机组位置。

7.2 风能资源测量

自 1951 年以来,云南省建立的气象观测站都积累了几十年的观测记录,这些气象观测站的风记录对于风电场的宏观规划具有重要的指示意义。但由于气象站所处的地理环境与风电场差别很大,且气象站的记录只观测到 10 m 高度层,直接用于风能资源评估会产生代表性严重不足的情况。特别是在云南高原,虽然已经在县级以上城镇建立了 125 个气象观测站,但由于云南风电场都处于高山区域,而气象观测站点则均建设在坝区(山间小盆地)的城区附近,其代表性必然存在严重缺陷。例如在云南气象观测站观测到的年平均风速一般不超过 3 m/s，甚至不能达到风电机组的启动风速，而位于山地高海拔可用于风电场建设的场区风速均在 6.8 m/s 以上，甚至可达 8～10 m/s，具有良好的开发条件。因此，仅利用气象观测站的风速风向记录开展风能资源评估就会出现严重偏差。

在开发风电的过程中，为了获得风电场代表性的风况记录，正确判断风电场的风能资源状况，就必须在拟建风电场场区建立测风塔，开展风能资源测量。

7.2.1 测量点选择

测量点指在拟建风电场内进行风能资源测量时所选择的有代表性的位置。

测量点的选择对于山地风电场非常重要，测量点选择较好的风电场，其测风数据对风电场具有良好的代表性，对于其后开展风能资源评估具有很好的指标意义。相反，如果代表性不足，则会影响到对风电场风能资源的客观评价。

测量点的选择包括下面两个要素：

7.2.1.1 位置

测量点的选择最重要的是对本区域风况具有良好的代表性，并注意兼顾场区内不同地形的风况特征。

所选测量点应当能够基本代表拟建风电场区的风况，同时，周围没有突变地形、建筑物、构筑物、树木和其他障碍物，测风塔应设在主导风向的上风方，在地形较复杂的场区应考虑若干测风塔有一定的相对高差。

7.2.1.2 数量

测量点数量依据拟建风电场的地形复杂程度和面积确定，对于云南山地风电场而言，每个拟建风电场的测量点应不少于 2 个，一般而言应掌握以下原则：在地形相对平坦的场区，约每 9 km² 控制区域设置 1 个测量点；地形复杂的场区，在每 4 km² 控制区域设置 1 个测量点；主要以山脊构成的场区应沿山脊布设测量点，每两个测量点间直线距离不大于 5 km。

7.2.2 测量参数及测量时间

7.2.2.1 测量参数

在测风塔上安装相关仪器，通过测量直接获取风能资源评估所需要的数据。对于云南山地风电场，除了风速和风向以外，还应当测量气温、气压和相对湿度。

在各种测量参数中，风速和风向是最重要的参数，风速标准差是根据风速记录计算而得，在自动观测设备中自动完成。

气温、气压对于计算空气密度、风电机组选型等十分重要，也是不可缺少的测量参数。特别是最低气温对于风机安全有重大影响。

湿度对于云南山地高海拔风电场的覆冰现象有重要的影响，湿度大的地区覆冰现象远重于湿度小的地区。因此，在云南进行风电场风能资源测量时，应当进行相对湿度的测量。

7.2.2.2 测量时间

由于用于风电场评估的资料时间必须在连续一年以上，因此，风能资源的测量必须进行连续一年以上。

应当说明的是，一年的观测时间是风电场风能资源评估的最低要求，观测时间越长对风电场风况的判断越准确。一般要求在风电场开始施工以前，无论风能资源评估是否结束，都应当继续观测，为工程设计提供更丰富的资料和依据。

根据国家的相关要求，风电场投产后必须开展风电功率预报，因此，每一风电场测风结束后应至少保留1座对风电场风况代表性较好的测风塔继续测风，为风电场后评估和风电功率预报提供资料。

7.2.3 测量设备和仪器

7.2.3.1 测风塔

测风塔为对拟建风电场风能资源进行测量、记录的塔形构筑物（图7.1）。

测风塔结构应为刚性结构，一般可采用桁架拉线型，其设计一般应符合下列要求：

——抗最大风速：60 m/s；
——抗地震：8级；
——抗裹冰：5～10 mm；
——垂直度：1/1000；
——适宜温度：−45～+45℃；
——防腐处理：热镀锌；
——使用寿命：30年。

在云南西北和东北地区，由于海拔高，空气湿度较大，冬季易出现覆冰现象，对测风塔的安全构成威胁。因此，在这些地区建立测风塔时应特别注意抗覆冰问题。在覆冰特别严重的区域，塔体结构应选择桁架结构自立型，以保障测风塔的安全。

图7.1 70 m高度测风塔

为了获得风电机组所需要的风况资料，测风塔高度应不低于拟选风机的轮毂高度，由于目前风电机组的轮毂高度一般都在70 m以上，因此，测风塔高度不应低于70 m。在场地、道路等建设条件较好的地区，拟选风电机组轮毂高度超过70 m，建议适当增加测风塔的高度，以获得更高层的风况，为下一步风电场工程设计提供更多依据。

由于云南的风电场均位于高山上，雷击风险较大，测风塔的防雷成为保障安全的重要环节，因此，测风塔顶部应有避雷装置，接地电阻不应大于4欧姆（Ω）。

为了保障测风仪器和路人的安全，测风塔应悬挂有"请勿攀登"等明显安全标志。

7.2.3.2 测量仪器

测量仪器包括风速、风向、气温、气压、相对湿度传感器和数据采集器。

风电场风能资源观测应采用自动观测仪，并利用通信网络进行数据远程传输。所有测量仪器在安装之前必须经过国家授权的气象仪器计量检定单位标定，观测精度应达到相关要求，在有效期内使用。

观测仪器在运行一段时间以后，其精确度会发生变化，因此，在观测期间，应当每12个月交由具备气象仪器计量检定资质的单位校验一次测量仪器，合格后方能继续使用。

在观测期间由于人为或非人为的原因可能发生意外事件,应对观测情况进行实时监控,以准确掌握测量仪器的运行情况及测量数据的质量。在观测期间如果经历过可能影响仪器性能的天气事件、经过拆卸修理或遭到人为损坏和对仪器示值有疑问时时,应对仪器进行校验,并对校验过程进行记录。在仪器校验前应先将观测数据进行现场收集、保存。

7.2.3.3 安装高度

测风塔高度为 70 m 时应按下列要求安装测量仪器:

(1)在 10 m、30 m、50 m 和 70 m 高度层安装风速传感器。一般可采用机械式传感器,在冰冻较为严重的地区,为防止冰冻现象造成机械式传感器停转,应至少有一个高度层采用超声风速传感器。

(2)在 10 m 和 70 m 高度层安装风向传感器。在地表粗糙度大、对 10 m 风向影响较大的测量点,可选择在 30 m 和 70 m 高度层安装风向传感器。

(3)在不高于 10 m 的高度层安装气温、气压和相对湿度传感器。

当测风塔高度大于 70 m 时,应在顶层增设风速传感器,而不是将下层的传感器上移。

7.3 测量数据检验及订正

在风电场风能资源观测期间,因仪器故障、传输错误、特殊天气等原因可能会造成观测数据缺测或者不真实,直接用于风能资源评估会产生较大的误差,必须对观测数据进行检验和插补,使数据完整可靠。另外,由于风速存在年际变化,一年的观测资料难以消除其局限性,应对数据进行长序列订正,以获得风电场具有气候代表性的数据。

数据检验及订正的内容包括数据检验、数据插补、数据订正和数据统计。

7.3.1 数据准备

在进行数据检验及订正前,应准备好以下数据。

(1)风电场测量数据

对风电场开展风能资源测量所获取的相关数据进行整理,形成数据报表。

(2)气象站观测数据

收集拟建风电场周边气象站基本状况及长期气象观测数据,包括台站的基本情况、观测环境现状及变化情况、相关气象要素等。

7.3.2 数据检验

(1)数据检验

数据检验是指对实测的原始数据进行检验,判断是否在合理范围之内。包括完整性检验、范围检验、趋势检验、关系检验和相关性检验,其方法依据相关技术标准和规范进行,要注意分析检验的标准应符合云南的实际情况,并对不合理数据进行统计分析和综合研判。

(2)对不合理数据的处理

对检验出的不合理数据应再次进行判别,分析原因。符合实际情况的数据回归原始数据序列,仍判定为不合理数据的列为无效数据。

(3)有效数据完整率

检验完成后应统计有效数据完整率,即有效数据与应测数据的百分比。一般而言,有效数据完整率应达到90%以上。

7.3.3 数据插补

数据插补是指对缺测和无效数据通过数学方法进行插补,使数据序列连续完整。通过数据插补,应整理出至少连续一年完整的风电场逐10 min观测数据。

(1)插补原则

同时满足下列条件的数据序列可进行插补:拟插补数据序列的有效数据完整率大于70%,且其有效数据与参照点同期测量数据显著相关(相关系数通过99%的信度检验)。

(2)参照点的选取

参照点是指对测风塔观测数据中缺测和无效数据进行插补时所选用的测量点。不同参数或不同插补点可选取不同的参照点,数据插补必须依据参照点的同期实测资料进行。

参照点的选择依据相关技术规范进行,一般选择与插补点具有同期观测资料的周边测风塔,依两者的相对位置优先选取,同时必须满足在有效风速(切入风速和切出风速之间的风速)内,小时实测风速记录与缺测点同期有效实测记录显著相关(相关系数通过99%的信度检验)的基本条件。

(3)风速插补

同塔不同高度层可采用廓线法插补缺测记录,而插补点和参照点为不同测风塔时,采用相关法插补缺测记录。

对于云南而言,由于各个季节的风况差异较大,采用相关法进行风速插补时,宜按季节分类计算。

(4)风向插补

采用替换方法进行:插补点与参照点在同一测风塔且相互间风向吻合率在80%以上,或者插补点与参照点不在同一测风塔且相互间风向吻合率在60%以上时,将参照点同期风向记录直接替代到插补点。

(5)气温、气压和相对湿度插补

根据相关点的观测数据,用相关法对逐小时平均数据进行插补。

7.3.4 数据订正

数据订正是指将整理出来的观测年测量数据订正到气候平均状况,其目的是消除风速年际变化的影响。

(1)参证气象站的选择

参证气象站是对风电场风能资源观测数据进行气候平均订正所选取的气象观测站。

参证气象站的选择依据相关技术规范开展,除了具备10年以上资料连续、环境较好、气候背景相似等条件以外,还必须满足在有效风速(切入风速和切出风速之间的风速)内,小时实测风速记录与风电场同期有效实测记录显著相关(相关系数通过99%的信度检验)的条件,才能作为参证气象站。

在实践中,应初选出若干符合条件的候选参证站,综合分析气候背景、与测风塔的距离、数据相关情况等因素最终确定。要特别注意的是,由于参证站的环境条件不一致,不一定挑选距测风塔最近的气象站作为参证站。

(2) 风速订正

采用相关法进行逐小时平均风速订正。

(3) 风向订正

风向数据沿用经过检验、插补后的 10 min 平均风向,不进行订正处理。

(4) 气温、气压和相对湿度订正

仅对月平均气温、月平均气压和月平均相对湿度进行订正,订正方法采用相关法。

订正前应先利用插补后的小时平均值计算日、月平均值。

7.3.5 数据统计

利用小时平均数据统计日、月和年的风速、气温、气压和相对湿度的平均值。其中平均风速采用订正后的小时平均值进行统计,气温、气压和相对湿度则先采用插补后的数据直接统计日平均和月平均值,再对月平均值进行订正,最后用订正后的月平均值计算年平均值。订正后的数据应制作数据报表,作为下一步风能资源评估的基础资料。

日平均值按下式进行统计:

$$D_d = \frac{1}{24}\sum_{h=1}^{24} D_h \tag{7.1}$$

式中,D_d 为日平均值,D_h 为日内逐小时平均值。

月平均值按下式进行统计:

$$D_m = \frac{1}{M}\sum_{d=1}^{M} D_d \tag{7.2}$$

式中,D_m 为月平均值,D_d 为月内逐日平均值,M 为该月实有日数。

年平均值按下式进行统计:

$$D_y = \frac{1}{12}\sum_{m=1}^{12} D_m \tag{7.3}$$

式中,D_y 为年平均值,D_m 为年内逐月平均值。

7.4 风能资源评估

7.4.1 风况参数的计算方法

风况参数是指表征风电场风能资源的参数,风电场风能资源评估所需参数包括空气密度、风速、风向、风功率密度、风能密度、风切变指数、湍流强度、Weibull 参数、50 年一遇最大风速和极大风速等。

风况参数计算所利用的基础数据,是通过风能资源测量得到,并经过检验及订正获得的风电场代表年测风数据。

7.4.1.1 空气密度

月平均空气密度的方法应采用下列两个步骤:

(1) 实际测量高度层的空气密度

根据观测数据的有效情况分别用不同的方法：

1）当测量点气温、气压值观测记录完整有效时，采用式（7.4）计算观测点空气密度：

$$\rho = \frac{P}{RT} \tag{7.4}$$

式中，ρ 为空气密度（kg/m³）；P 为测量点平均气压（hPa）；R 为气体常数（287 J/kg·K）；T 为测量点平均开氏温标绝对温度（t℃+273）。

2）当测量点气温数据有效而气压数据无效时，采用下式计算空气密度：

$$\rho = \left(\frac{353.05}{T}\right) e^{-0.34(z/T)} \tag{7.5}$$

式中，ρ 为空气密度（kg/m³）；T 为测量点年平均开氏温标绝对温度（t℃+273）；z 为测量点海拔高度（m）。

3）当测量点气温记录均不可用时，采用下式计算气温，再根据情况计算空气密度：

$$t = t_0 - (h - h_0) \times b \tag{7.6}$$

式中，t 为测量点平均气温（℃）；t_0 为参证气象站平均气温（℃）；h 为测量点海拔高度（m）；h_0 为参证气象站海拔高度（m）；b 为气温随海拔递减率，为经验系数，在云南地区的平均取值为 0.0065（℃/m）。

空气密度以月为时间长度计算，年平均空气密度为测风年 12 个月的平均值。

（2）其他高度层空气密度的推算

依据 10 m 高度层空气密度推算出该测风塔其他高度层空气密度，其推算公式为：

$$\rho_z = \rho_h e^{-0.0001(z-h)} \tag{7.7}$$

式中，z 为推算层高度，单位为米（m）；h 为实测层高度（m）；ρ_z 为 z 高度层对应空气密度（kg/m³）；ρ_h 为 h 高度层对应空气密度（kg/m³）。

7.4.1.2 平均风速

（1）日平均、月平均和年平均风速

利用小时平均数据统计日、月和年的风速、气温、气压和相对湿度的平均值。其中风速为订正后的数据，气温、气压和相对湿度则采用插补后的数据直接统计日平均值和月平均值，再用订正后的月平均值计算年平均值。

（2）各时次（00—23 时）平均风速

设定时段各时次的平均风速按（7.8）式计算：

$$V_{m,t} = \frac{1}{m} \sum_{d=1}^{m} V_{d,t} \tag{7.8}$$

式中，$V_{m,t}$ 为设定时段内 t 时（00—23 时）的平均风速，单位为米每秒（m/s）；d 为日序，单位为天（d）；m 为总日数（d）；$V_{d,t}$ 为 d 日 t 时小时风速（m/s）。

7.4.1.3 风功率密度

在设定时段内，平均风功率密度用下式计算：

$$D_{WP} = \frac{1}{2n} \sum_{i=1}^{n} (\rho \cdot v_i^3) \tag{7.9}$$

式中，D_{WP} 为设定时段的平均风功率密度（W/m²）；n 为设定时段内的记录数；ρ 为设定时段的空气密度（kg/m³）；v_i 为设定时段第 i 记录的风速（m/s）。

第 7 章 风电场风能资源评估的技术方法

7.4.1.4 风能密度

设定风速段(或扇区)的风能密度用下式计算：

$$D_{WE} = \frac{1}{2}\sum_{i=1}^{n}(\rho \cdot v_i^3)\cdot t_i \tag{7.10}$$

式中，D_{WE} 为风能密度，单位为瓦小时每平方米(W·h/m²)；n 为该风速段(或扇区)风速数据数目；ρ 为空气密度，单位为千克每立方米(kg/m³)；v_i 为该风速段(或扇区)第 i 个的风速值，单位为米每秒(m/s)；t_i 为该风速段(或扇区)第 i 个风速出现的时间长度，单位为小时(h)。

7.4.1.5 风切变指数

风切变指数按下式计算：

$$\alpha = \frac{\lg(v_2/v_1)}{\lg(z_2/z_1)} \tag{7.11}$$

式中，z_1 为第 1 高度层距地面的高度，单位为米(m)；z_2 为第 2 高度层距地面的高度，单位为米(m)；v_1 为 z_1 高度层对应的风速，单位为米每秒(m/s)；v_2 为 z_2 高度层对应的风速，单位为米每秒(m/s)。

7.4.1.6 湍流强度

某一高度层的 10 min 湍流强度 I_V 按下式计算：

$$I_V = \frac{\sigma}{V} \tag{7.12}$$

式中，I_V 为 10 min 湍流强度；σ 为 10min 风速标准偏差(m/s)；V 为 10 min 平均风速(m/s)。

7.4.1.7 Weibull 分布的 k、c 参数

Weibull 分布的 k、c 分别由式(7.13)和式(7.14)计算：

$$k = \left(\frac{\sigma}{\mu}\right)^{-1.086} \tag{7.13}$$

$$c = \frac{\mu}{\Gamma(1+1/k)} \tag{7.14}$$

式中，$\Gamma(1+1/k)$ 为伽马函数；μ 为平均风速(m/s)；σ 为风速标准差(m/s)；n 为风速序列个数。

μ 和 σ 分别由式(7.15)和式(7.16)计算：

$$\mu = \frac{1}{n}\sum_{i=1}^{n} v_i \tag{7.15}$$

$$\sigma = \sqrt{\frac{1}{n-1}\sum_{i=1}^{n}(v_i - \mu)^2} \tag{7.16}$$

式中，v_i 为风速序列中的第 i 个值(m/s)。

7.4.1.8 50 年一遇最大风速和极大风速

(1) 最大风速

采用下式推算风电场测风塔某高度层 50 年一遇最大风速：

$$V_{50\max} = V_{ave} \times c \tag{7.17}$$

式中，$V_{50\max}$ 为 50 年一遇最大风速(m/s)；V_{ave} 为平均风速(m/s)；

c 为经验系数，取决于风速峰度曲线的宽窄程度，以 Weibull 参数中的 k 值确定取值，见下式。

$$c = \begin{cases} 5.0 & k > 2.0 \\ 6.0 & 2.0 \geqslant k \geqslant 1.7 \\ 7.0 & k < 1.7 \end{cases} \tag{7.18}$$

式中，k 为 Weibull 参数中的形状参数。

(2) 极大风速

采用经验公式推算 50 年一遇极大风速：

$$V_{50e} = V_{50\max} \times b \tag{7.19}$$

式中，V_{50e} 为 50 年一遇极大风速(m/s)；$V_{50\max}$ 为 50 年一遇最大风速(m/s)；b 为回归系数。

(3) 相同风压状况下实际空气密度风速与标准空气密度风速的换算

风压相等时，标准大气压下的风速与实际空气密度下的风速用下式换算：

$$V_s = V_0 \sqrt{\frac{\rho_0}{\rho_s}} \tag{7.20}$$

式中，V_s 为标准空气密度风速(m/s)；V_0 为实际空气密度风速(m/s)；ρ_0 为实际空气密度(kg/m³)；ρ_s 为标准空气密度(取 1.225 kg/m³)。

7.4.2 风况参数分析

7.4.2.1 风功率密度

计算各测风塔各高度层的小时风功率密度(空气密度应按月平均空气密度取值)，并统计日、月、年平均值和各时次(00—23 时)月、年平均值。

(1) 判断风电场风能资源优劣。按风电现在的技术水平和上网电价，结合云南一般的开发条件和投资水平估算，轮毂高度附近的风功率密度在 200 W/m² 以上即具有一定的开发价值，达到 300 W/m² 以上具有较好的开发价值，在 400 W/m² 以上具有很好的开发价值。

(2) 将月平均风速和风功率密度的年内变化与当地主要能源上网发电量进行比较，判断是否存在互补，互补效应越明显越好。

(3) 将风速和风功率密度的日变化与当地用电负荷进行比较，两者越接近越好。

7.4.2.2 风速和风能频率分布

(1) 以每 1 m/s 为间距取风速段，每个风速段的数字代表中间值，即 1 m/s 代表 0～1.4 m/s，2 m/s 代表 1.5～2.4 m/s，以此类推，风速大于 25.4 m/s 归为 26 m/s 风速段。

(2) 按 26 个风速段分段，统计各风速段风速出现的频次，并计算风能密度。

(3) 对各测风塔各高度层计算各风速段风速出现的频次。

(4) 计算各风速段的风速频率，即各风速段风速出现的频次占全部风速段频次的百分比。

(5) 对每一个测风塔各高度层计算各风速段风能密度。

(6) 计算各风速段的风能频率，即各风速段的风能密度占全部风速段风能密度的百分比。

(7) 分析不同风速段的风能频率分布，定性判断有效风功率的大小。

7.4.2.3 风向频率和风能密度方向分布

(1) 按 16 个扇区计算逐月和全年风能密度。

(2)统计月(年)各扇区风向频率,即当月(全年)该扇区出现的风向频次与全方位风向总频次的百分比。

(3)统计月(年)各扇区风能密度频率,即当月(全年)该扇区出现的风能密度频次与全方位风能密度总频次的百分比。

(4)分析风向频率和风能密度方向分布,风向集中有利于减少风机偏航操作,主导风向越明显越有利于提高风能利用率。

7.4.2.4 风切变指数

计算各测风塔各测风高度层间的年平均风切变指数。

风切变指数可描述风矢量在垂直方向上的空间变化情况,风切变指数越小越有利于风机的运行安全。同时风切变指数还是选择风机轮毂高度的重要判据,应重点分析 50 m 及其以上高度层的风切变指数。

7.4.2.5 湍流强度

采用 10 min 风速的标准差和同时段平均风速,计算各测风塔各高度层 10 min 湍流强度。

湍流强度用于度量相对于风速平均值而起伏的湍流的强弱。湍流强度越小越有利于风机安全,应重点分析轮毂高度附近风速为 15 m/s 风速段(14.5~15.4 m/s)的湍流强度。

湍流强度的等级确定参见 IEC 61400-1 的规定,见表 7.1。

表 7.1 湍流强度等级(IEC 61400-1:2005)

湍流强度	低	中等	高
I_V	<0.12	0.12~0.16	>0.16

7.4.2.6 Weibull 参数

计算每一测风塔 Weibull 分布的 k、c 参数。

风速统计符合概率密度函数 Weibull 双参数分布,k 为形状参数,描述分布曲线峰度的宽窄特征;c 为尺度参数,反映分布的不对称程度。

7.4.2.7 50 年一遇最大风速和极大风速

推算每一测风塔各高度层 50 年一遇最大风速和极大风速,并换算成标准空气密度下的值,最后提供风机安全等级的初步建议。

(1)破坏性风速对风机的安全构成威胁。50 年一遇最大风速和极大风速主要用于风机安全等级判断,风速越大要求风机等级越高。

(2)以某一测风塔内所有测风高度层 50 年一遇最大风速和极大风速的最大值表征该塔 50 年一遇最大风速和极大风速,以风电场内所有测风塔 50 年一遇最大风速和极大风速的最大值表征该风电场 50 年一遇最大风速和极大风速。

(3)在极端的情况下,当出现 50 年一遇最大风速和(或)极大风速小于风电场实际测量值的情况,应以两者较大的值作为 50 年一遇最大风速和(或)极大风速。

(4)风机安全等级见表 7.2(IEC 61400-1)。在实际工作中,应依据在轮毂高度附近换算到标准空气密度下 50 年一遇最大风速,以及在轮毂高度附近 15 m/s 风速段湍流强度初步判定风机安全等级。

表 7.2　风机安全等级参数

风机安全等级		I	II	III	S
轮毂高度最大风速（m/s）		50.0	42.5	37.5	设计者 自行定义
轮毂高度 15 m/s 风速段湍流强度	A（高湍流强度）	>0.16			
	B（中等湍流强度）	0.12～0.16			
	C（低湍流强度）	<0.12			

7.4.2.8　其他气象要素

雷电、冰冻、暴雨等特殊气象条件和气象灾害对风电场风机安全运行可能造成影响，需综合分析，提出相应措施。

7.4.3　风能资源评估报告的基本要件

风电场风能资源评估报告是对拟建风电场经过资源测量、数据检验及订正、资源分析评估等工作完成以后，对风电场的风能资源进行评估后形成的咨询性文本，其结果将为下一步开展工程规划、预可行性研究和可行性研究工作提供依据。

云南风能资源评估报告一般包括前言、测风塔和测风资料、数据检验、数据插补、数据订正、风况参数、气象站风况和相关气象要素、评估结论和建议等 8 个部分。

报告编制前应实地勘察风电场地理环境和地形地貌，分析风电场成风条件，判断测风塔的代表性是否满足风能资源评估要求。

应按要求完成拟建风电场的风能资源测量、数据处理、风况参数计算、分析评估，获得一套完整的分析数据。

7.4.3.1　前言

前言是对拟建风电场场址概况和报告编制依据等的概要性说明，包括以下内容：
(1)风电场所在区域的行政区划，场区地理坐标和海拔高程，场区地理位置示意图。
(2)风电场地形和地表植被概况，场区代表性实景图片。
(3)报告编制依据的提示性说明，包括相关文件和标准、规范等。

7.4.3.2　测风塔和测风资料

综合叙述测风塔概况，包括以下内容：
(1)测量点位置。
(2)采用的测量设备、塔架型式、测风塔高度等。
(3)各测风塔实景照片。
(4)各测风塔测量仪器高度、测量时间、取样时间。如果测风塔或测量仪器高度、测量时间不符合规范，应给出具体说明，并明确提出可以继续开展评估的理由。

7.4.3.3　数据检验

(1)对测量数据进行完整性检验、范围检验、趋势检验、关系检验、相关性检验，并列出各测风塔各测量参数检验结果。如果存在缺测或不合理数据，应列出数据名称、开始时间、结束时间、数量，分析缺测或不合理的原因。

(2)检验完成后应对检验为无效数据序列再次进行分析判断，尽可能挑出客观和可利用的数据,列出再分析的依据,最终确定无效数据。

(3)将以上检验过程中得到的有效数据进行统计,计算各测风塔各测量参数的有效数据完整率。

(4)分析数据可用性。

7.4.3.4 缺测和无效数据插补

(1)给出参照点的选择依据和插补方法的说明,分析插补结果的可用性。

(2)对风速、风向、气温、气压和湿度数据进行插补,分析插补结果的可用性。

7.4.3.5 数据订正

(1)综合分析比较候选参证气象站的情况,确定参证气象站。

(2)对风速、气温、气压和相对湿度进行订正,获得代表年数据。

7.4.3.6 风况参数分析

风况参数分析包括以下内容:

(1)逐月和年平均空气密度;

(2)风速和风功率密度年内变化;

(3)风速和风功率密度日变化;

(4)风速和风能频率分布;

(5)风向频率和风能密度方向分布;

(6)风切变指数;

(7)湍流强度;

(8)50年一遇最大风速和极大风速;

(9)其他气象条件;

(10)风况参数统计。

7.4.3.7 气象站风况和相关气象要素

(1)列出参证气象站风况和相关气象要素。

(2)列出邻近气象站风况及相关气象要素。选择与风电场距离最近的气象站,参照参证站给出风况及相关气象要素,供参考。

7.4.3.8 评估结论和建议

报告最终应给出评估结论和建议,内容包括:

(1)对风电场风能资源的客观评述,包括各测风塔的年平均风速、风功率密度和等级。

(2)对风电场风能资源的分布和变化规律的评述,包括风速和风功率密度的年内变化和日变化、风速和风能频率分布、风向和风能密度方向分布规律、主导风向分布等。

(3)对风电场其他风况参数的简要评述,包括切变指数强弱、湍流强度等级、50年一遇最大风速和极大风速等。

(4)根据资源量、现有风电技术水平和投资水平初步判断风电场是否具备工程开发价值。

(5)如果判断风电场具备工程开发价值,以示意图的形式对风电场给出开发区域的建议,并对风机安全等级提出初步推荐意见。

(6)分析风电场可能会遇到的气象灾害影响,并提出相应的措施建议。

(7)其他建议。

第 8 章　风电场风电功率预测预报

8.1　风电功率预测预报的意义及要求

风力发电是将风所具有的动能转换为电能,其特性会直接受到风的特性的影响。风的随机波动性和间歇性决定了风力发电的功率也是波动和间歇性的。当风力发电在电网中所占的比例很小时,上述特点不会对电网带来明显影响。但是,随着风力发电装机容量的迅猛发展,风电在电网中的比例不断增加,一旦超过某个比例(这个比例目前并无定论,但一般认为它不能一概而论,而是取决于许多因素,例如电网网络结构、调度运行模式等),接入电网的风力发电将会对电力系统的安全、稳定运行以及保证电能质量带来严峻挑战。目前我国风电装机容量全球第一,其对全网的电力平衡已经带来很大的影响,也给电力系统的调度运行带来巨大的挑战。在此背景下,以数值天气预报为基础的风电功率预测预报服务已经成为一个新的服务领域,并催生了一个新的服务市场,而风电功率预测预报系统则是其标示性产品。

8.1.1　风电功率预测预报的意义

(1)优化电网调度,减少旋转备用容量,节约燃料,保证电网经济运行

对风电场功率进行短期预测,将使电力调度部门能够提前为风电功率变化及时调整调度计划,从而减少系统的备用容量、降低电力系统运行成本。这是减轻风电对电网造成不利影响、提高系统中风电装机比例的一种有效途径。

(2)满足电力市场交易需要,为风力发电竞价上网提供有利条件

从发电企业(风电场)的角度来考虑,将来风电一旦参与市场竞争,与其他可控的发电方式相比,风电的间歇性将大大削弱风电的竞争力,而且还会由于供电的不可靠性受到经济惩罚。提前一两天对风电场功率进行预测,将在很大程度上提高风力发电的市场竞争力。

(3)便于安排机组维护和检修,提高风电场容量系数

为了保证风机能在有效风速时段正常运行,充分发挥效益,就要避开有效风速阶段,做好风机的维护工作。例如:预防性的定期检查、定期润滑,对风机主要零部件的解体清洗,对磨损零件的更换,各部间隙的重新调整等维护工作。另外,大风虽然能够给风电场带来很好的效益,但是,当风速超过切出风速时,就会对风机造成损坏,风机会从额定出力状态自动退出运行。如果整个风电场所有风机几乎同时运行,会对电网产生十分明显的冲击,容易造成电压闪变与电压波动。电网企业可以根据风电场风电功率预报,提前做好调压准备。风机的维护工

作,是一项既需要人力又需要时间的工作,这就要求对风速的预报能够提前 2～3 天,这样对风电场的时间统筹,维护运营的安排才有实际意义。

8.1.2 风电功率预测预报相关规定

中国的《可再生能源产业发展指导目录》中指出,要进行"风电场发电量预测及电网调度匹配软件"的技术开发,目的是用于实时监测和收集风电场各台风电机组运行状况及发电量,分析和预测风电场第 2 天及后一周的功率变化情况,为电网企业制定调度计划服务,促进大规模风电场的开发和运行。为加强和规范风电场运行管理,落实风电全额保障性收购要求,保障电力系统安全可靠运行,促进风电健康有序发展,2011 年 6 月,国家能源局发布《风电场功率预测预报管理暂行办法》,该办法强制性规定所有并网运行的风电场在 2012 年 1 月 1 日前均应具备风电功率预测预报能力,并在 2012 年 7 月 1 日起正式实行考核。《风电场功率预测预报管理暂行办法》中明确提出了风电功率预报的要求。

8.1.2.1 种类

风电功率预报分日预报和实时预报两种方式。

(1)日预报是指对次日 00—24 时的预测预报。

(2)实时预报是指自上报时刻起未来 15 min 至 4 h 的预测预报,时间分辨率均为 15 min。

8.1.2.2 上报

(1)日预报要求并网风电场每日在规定时间前按规定要求向电网调度机构提交次日 00—24 时每 15 min 共 96 个时间节点风电有功功率预测预报数据和开机容量。

(2)实时预报要求并网风电场按规定要求每 15 min 滚动上报未来 15 min 至 4 h 风电功率预测数据和实时的风速等气象数据。

8.1.2.3 考核

《风电场功率预测预报管理暂行办法》中也明确对预测预报的管理考核要求:风电场的风电功率预测预报系统的日预测曲线最大误差不超过 25%;实时预测误差不超过 15%。全天预测结果的均方根误差应小于 20%。

8.2 风电功率预报种类和方法

8.2.1 风电场功率预测预报的分类

8.2.1.1 按预测时间分类

风电场功率的预测预报,按时间分为长期预测、中期预测、短期预测和超短期预测。

(1)长期预测(Long Term Prediction)

以"年"为预测单位。长期预测主要应用场合是风电场设计的可行性研究,用来预测风电场建成之后每年的发电量。

(2)中期预测(Medium Term Prediction)

以"天"为预测单位。中期预测主要是提前一周对每天的功率进行预测,主要用于安排检修。

以"周"或"月"为预测单位。这种中期预测提前数月或一、两年进行预测,主要用于安排大修或调试。

(3) 短期预测(Short Term Prediction)

以"小时"为预测单位。一般是提前1~48(或72)小时对每小时的功率进行预测,目的是便于电网合理调度,保证供电质量,为风电场参与竞价上网提供保证。

(4) 超短期预测(Very Short Term Prediction)

以"分钟"或"几分钟"为预测单位。一般是提前几小时或几十分钟进行预测,目的是为了风电机组控制的需要。

8.2.1.2 按预测对象范围分类

根据预测对象范围的不同,可以分为对单台风电机组功率的预测、对整个风电场功率的预测和对一个较大区域(数个风电场)的预测。

8.2.1.3 时间和区域的几种组合方式

(1) 对于一个风电场在"年"数量级的预测(长期预测),是为了对拟建风电场可行性研究提供依据。

(2) 高分辨率组合,即对单台风电机组在"分钟"数量级的预测(超短期预测),是为了控制的需要和稳定电能质量。

(3) 在"天"数量级的预测(中期预测),是为了风电场安排运行维护计划和优化电厂调度。

(4) 对于一个风电场或更大区域范围在"小时"数量级的预测(短期预测,一般为72小时),是为了市场交易的需要、运行维修计划的需要和安全供应的需要。

8.2.2 风电场功率预测的方法

根据使用数值天气预报(NWP-Numerical Weather Prediction)与否,风电场功率预测方法可以分为两类:一类是使用数值天气预报的预测方法,另一类是不使用数值天气预报的预测方法(基于历史数据的预测方法)。

8.2.2.1 基于历史数据的风电场功率预测

基于历史数据的风电场功率预测,是只根据历史数据,来预测风电场功率的方法,也就是在若干个历史数据(包括功率、风速、风向等参数)和风电场的功率输出之间建立一种映射关系,方法包括:卡尔曼滤波法、持续性算法、ARMA算法、线性回归模型、自适应模糊逻辑算法等。另外还有采用人工神经网络(Artificial neural network)方法等人工智能方法。

8.2.2.2 基于数值天气预报模式的风电场功率预测

基于数值天气预报模式方法的主要思路是:利用数值天气预报模式,对风电场或附近某一点的天气情况(主要包括风速、风向、气温、气压等参数)进行预测,然后建立预测模型,结合其他输入,将数值天气预报模式的预测值转换成风电场的功率输出。建立预测模型的方法可采用两类:一类是统计模型,一类是物理模型。统计模型方法就是在系统的输入(数值天气预报模型、风电场的测量数据等)和风电场的功率之间建立一种映射关系,包括线性的和非线性的方法,具体有自回归技术、黑盒子技术(先进的最小平方回归、神经网络等)、灰盒子技术等。物理模型方法的实质是提高数值气象预报模型的分辨率,使之能够精确地预测某一点(如每台风电机组处)的天气(风速、风向等),实质是用中尺度或微尺度模型在数值天气预报模式和当地风之间建立一种联系。

8.3 风电功率预报系统典型应用

由于国家能源局《风电场功率预测预报管理暂行办法》强制性规定所有并网运行的风电场在 2012 年 1 月 1 日前均应具备风电功率预测预报能力，云南电力调度控制中心起草的《云南风电场并网调度自动化技术规范》中也明确规定了云南风电场风电功率预测的要求，云南各地供电局电力调度控制中心为了提升风电调度科学管理水平，陆续开始出台的有关风电调度管理规定中也明确提出风电场风电功率预测预报的要求。相关规定的出台，促使了云南风功率预测预报系统的建设工作，各家风电场均开始着手风功率预测系统的建设实施。

云南首座风力发电场大理者磨山风电场率先通过公开投标方式建立了"大理者磨山风电场风电功率预测预报系统"，该系统是云南省气象部门首个通过公开投标成功中标建成，并通过了电力部门专家验收的风电场风电功率预测预报系统。

8.3.1 系统概述

2012 年 8 月云南省气象部门通过公开投标成功中标"大理者磨山风电场风电功率预测预报系统"建设项目。该项目引进由中国气象局公共气象服务中心研发的"中国气象局风电功率预测预报系统"，在者磨山风电场建设了测风塔，依托气象部门中尺度数值天气预报模式进行风电场风功率预报，时间分辨率达到 15 min，通过上下配合实现了大理者磨山风电场的本地化应用。"中国气象局风电功率预测预报系统（WinPOP）"是在国家 863 课题的资助下，依托中国气象局公共气象服务中心（中国气象局风能太阳能资源评估中心）研究开发的一套集风电场数值天气预报和风电功率预报于一体的快速、准确的风电功率预报系统。该系统以中尺度数值天气预报模式为基础，引入高分辨率的地形地貌资料，以全球业务数值天气预报模式产品为初始场和侧边界条件，结合风电场的测风塔资料和风机测风资料，通过数值天气预报模式和模式输出统计订正技术，给出较为准确的风电场高时空分辨率的数值天气预报，水平分辨率达到 1 km×1 km。在此基础上，结合风电场风功率历史资料、风机功率曲线、风电场机组的设备状态及运行工况，通过风电功率统计预报和物理预报技术进行 15 min 甚至数分钟时间间隔的风电功率短期和超短期预报。该预报技术示范系统已经在西北电网公司示范运行，并在新疆、甘肃、内蒙古、河北、辽宁、吉林、黑龙江、山东、江苏、浙江、山西、湖北、宁夏 13 个省（区）气象局推广应用。系统预报效果良好，风电功率预测归一化均方根误差不超过 20%，平均绝对误差不超过 15%，预测序列与实际序列相关系数不小于 0.7。

8.3.2 系统技术架构

基于北京奥运气象服务成果 BJ-RUC 数值预报系统的全国 9 km、部分地区 3 km，未来 72 小时逐 15 min 的风能数值天气预报产品，利用 CALMET 动力降尺度模式得出风电场风机轮毂高度 72 小时逐 15 min 气象要素预报，在大理者磨山风电场运行风电功率预测预报系统，最终获取风电场短期及超短期风电功率预测预报。系统技术架构如图 8.1 所示。系统数据入口有三个：(1)测风塔数据；(2)风电场及风机运行数据；(3)数值天气预报数据，还可以增加电网调度指令的接收入口。数据出口有两个：(1)与电网调度的接口，主要承担预报结果上报和发电计划上报的任务;(2)与气象部门的接口,主要承担测风塔数据的实时回传和风电场运行数据的实时回传,便于实时检验预报效果。

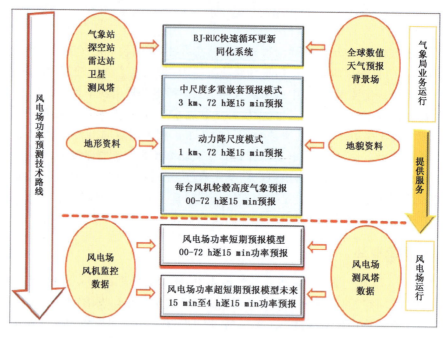

图 8.1 风电场风电功率预测预报系统技术架构

8.3.3 系统功能

系统基于全球天气分析服务系统(GWASS)平台开发,系统通过对各类异构数据的综合分析处理,为提升风电场运行效率,保障电网运行安全提供支持。系统功能如图 8.2 所示。

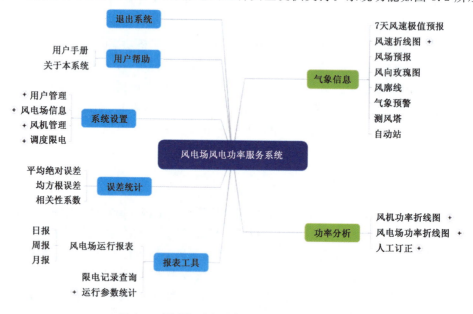

图 8.2 风电场风电功率预测预报系统功能图

(1)地图漫游监控

具备地图放大、地图缩小、地图漫游、坐标显示、比例尺显示、风机数据实时显示等功能,可实现对风电场的实景监控。

(2)风电场信息管理

可对风电场和风机的基本信息进行管理,方便业务人员查询。主要信息包括:风电场名称,区域气候特征,风资源概况,风电场地形、地貌,风机类型,风机位置(经纬度、海拔高度)及风机主要参数等。

(3)运行实况监测

可实时显示风电场气象和发电实况数据,帮助风电场值班人员掌握风电场的气象条件和全场风机的运行状态。

(4)数值天气预报

可绘出风电场每台风机次日 00—24 时及未来 15 min 至 4 h 的风速风向预报曲线,并可通过时间选项和风机编号选项对比查看任意时间不同风机轮毂高度处风的变化情况。

(5)风电功率预报

日预报:可自动实现对单台风机及风电场总发电功率的日预报、结果显示及人工订正,并可上报次日 00—24 时每 15 min 共 96 个时间节点的风电有功功率预报数据。

实时预报:可根据风电场自身耗电、线损、实时开机情况及实时限电指令等因素,每 15 min 自动滚动预测并上报未来 15 min 至 4 h 的风电功率预报数据。

(6)预报效果考核

将风电场功率预测预报考核指标(准确率、合格率和上报率)算法内置到系统中,方便风电场对功率预测预报效果进行自考核。

(7)预报误差分析

可针对任意时段的功率预报结果进行误差分析(平均绝对误差、均方根误差、相关系数),方便技术人员查找预报中存在的问题,并快速改进预报效果。

(8)气象灾害预警

具有气象灾害预警接收和响应功能。气象灾害预警主要用来显示风电场所在地区气象部门通过专用接口及手机短信、电话等方式发布的对风电设施影响较大的灾害性天气预警信息。

8.3.4 系统主要技术指标

预测系统根据大理者磨山风电场所处地理位置的气候特征和风电场历史数据情况,采用适合的预测模型进行本风电场发电预测,根据预测时间尺度的不同和实际应用的具体需求,采用多种方法及模型,形成最优预测策略。

(1)功率预测功能分为短期功率预测和超短期功率预测。短期功率预测能够预测风电场次日 96 个时间点有功功率曲线,时间分辨率为 15 min。日前预测能够设置每日预测的时间及次数;支持自动启动预测和手动启动预测。超短期功率预测能够预测未来 0~4 h 的风电场有功功率曲线,时间分辨率为 15 min;0~4 h 超短期预测为自动滚动执行,实时自动修正预测结果。

(2)系统考虑出力受限和风机故障对风电场发电能力的影响,支持限电和风机故障等特殊情况下的功率预测。

(3) 系统考虑风电场装机扩容对发电的影响,支持不断扩建中的风电场的功率预测。

(4) 对于系统预测得到的曲线,可人工对预测结果进行修正。

(5) 能够对预测曲线进行误差估计,预测给定置信度的误差范围。

(6) 能够接收调度的发电计划。

(7) 能够向预测系统主站端上报所需的数据,包括日前预测96个时间点有功功率曲线,4小时滚动预测有功功率曲线,风机运行状态数据,测风塔实时数据,次日96个时间点开机容量数据等。能够设置上报时间,支持自动上报和手动上报。

(8) 能够对数据进行统计,包括历史功率数据、测风数据和数值天气预报数据的频率分布统计、数据完整性统计、相同尺度的变化率统计以及测风数据的风向分布统计等。

(9) 能够自动检测异常的功率数据、测风数据和数值天气预报数据,并以特殊方式进行标示。

(10) 能够对历史功率数据、测风数据和数值天气预报数据进行相关性校验,根据分析结果,分析数据的不确定性可能引入的误差。

(11) 能够对历史日、月和任意时间区间的预测结果进行误差统计;能够对系统预测误差及风电场预测误差分别进行统计;误差指标包括均方根误差、平均绝对误差、相关性系数、合格率等。

(12) 能够根据测风数据计算风电场的理论发电量,与实际出力比较,计算得到风电场的实际限电量。

(13) 预测系统精度符合国家电网公司和云南电网公司相关要求。

(14) 系统建设符合电力二次系统安全防护规定的要求,与其他应用系统和数据网接入设备具有良好的接口。

8.3.5 系统运行效果及优势分析

大理者磨山风电场风电功率预测预报系统运行后,首月即取得86%的预报准确率,平均预报准确率达82%,自2012年10月运行以来的5个月合计预报发电量与实际发电量仅相差2.1%,在低纬度、高海拔、复杂地形条件下取得了良好的预报效果。2013年2月系统通过了由水电十四局大理聚能有限公司及云南省大理州气象局组成的专家组的验收,验收会上电力部门专家一致认为,该系统自运行以来预报准确、自动化程度高,系统设计科学、结构可靠、界面友好、操作和维护方便,达到风电场业务运行要求的相关指标。

鉴于目前风电场风功率预测预报的实际需求,目前国内外多家公司在开展功率预报系统研发及市场推广工作,有的也在开展数值预报业务,中国市场的风电场风功率预测预报系统竞争局面初步形成。国内较为有影响的有:华北电力大学、清华大学、中国电力科学院、国网龙源、华能太极等,现在很多风电开发企业、风机制造企业也有自主研发意向。国外较为有影响的有:丹麦 Predikto 预报系统、丹麦科学技术大学 WPPT 风电功率预报软件、美国 Truewind 的 EWind 风电功率预报软件、兆方美迪等。

与目前国内市场上的预测预报系统相比较,云南气象部门引进的由中国气象局公共服务中心研发的"中国气象局风电功率预测预报系统"在大理者磨山风电场本地化系统的优势在于具有强大的气象业务服务支撑体系:

(1) 完备的资料及准确的数值天气预报

中国气象局拥有覆盖全国的高密度、立体化气象站网观测资料,具有近30年的数值天气预报模式研发和应用经验。基于中国气象局的高密度气象站网观测资料、雷达资料、卫星资料和专业测风资料,采用BJ-RUC资料同化系统,以中国气象局国家级数值天气预报模式研发基地为依托,保证了数值天气预报具有较好的稳定效果,可提供中国区域最精细、最为准确的数值天气预报产品。

(2)稳定的业务服务

气象部门具备严格的业务规范、安全的数据传输网络,可提供全年24小时不间断的气象预报服务。60多年来,气象服务从未中断过,为国家防灾减灾、公共安全、气候资源开发利用做出了突出贡献,经过长期检验,气象部门拥有稳定的业务服务体系,可保证风电场风电功率预测预报服务的长期持续、稳定。

参考文献

Charles G Speziale. 1987. On nonlinear k-l and k-ε models of turbulence[J]. *Journal of Fluid Mechanics*, (178):459-475.

Chena Q. 1995. Comparison of Different k-ε Models for Indoor air Flow Computations[J]. *Numerical Heat Transfer*, **28**(3):353-369.

Cristina L Archer, Mark Z Jacobson. 2005. Evaluation of global wind power[J]. *Journal of Geophysical Research Atmospheres*, 110:D12110, doi:10.1029/2004JD005462.

Darko Koračin, Leif Enger. 1993. A numerical study of boundary-layer dynamics in a mountain valley[J]. *Boundary-Layer Meteorology*, **66**(4):357-394.

Durbin P A. 1995. Separated flow computations with the k-ε-ν2 model[J]. *AIAA journal*, **33**(4):659-664.

Elliott D L, Holladay C G, Barchet W R, et al. 2008. Wind energy resource atlas of the United States[R]. U.S. Department of Energy.

Flores P, Tapia A, Tapia G. 2005. Application of a control algorithm for wind speed redirection and active power generation[J]. *Renewable Energy*, **30**(4):523-536.

Garrad Hassan, Partners Ltd. Forecasting Short-Term Wind Farm Production. http://www.garradhassan.com.

Garratt J R. 1994. The Atmospheric Boundary Layer[M]. Cambridge University Press.

Global Wind Energy Council. Global Wind Statistics 2012[R]. http://www.ewea.org/statistics/global/.

Hargreaves D M, Wright N G. 2007. On the use of the k-ε model in commercial CFD software to model the neutral atmospheric boundary layer[J]. *Journal of Wind Engineering and Industrial Aerodynamics*, **95**(5):355-369.

Hermann Schlichting, Gersten K. 2009. Boundary-Layer Theory[M]. Springer.

Hyun Goo Kima, Patel V C. 2000. Choung Mook Lee. Numerical simulation of wind flow over hilly terrain[J]. *Journal of Wind Engineering and Industrial Aerodynamics*, **87**(1):45-60.

IEC 61400-1: 2005. Wind turbines Part 1: Design requirements[S].

John F Wendt, John David Anderson. 2009. Computational Fluid Dynamics: An Introduction[M]. Springer.

Karim Van Maele, Bart Merciken. 2006. Application of two buoyancy-modified-ε turbulence models to different types of buoyant plumes[J]. *Fire Safety Journal*, **41**(2):122-138.

Kawamura T, Kuwahara K. 1986. Computation of high Reynolds number flow around a circular cylinder with surface roughness[J]. *Fluid Dynamics Research*, **1**(2):145-162.

Landberg L. 2001. Short-term Prediction of Local Wind Conditions[J]. *Journal of Wind Engineering and Industrial Aerodynamics*, **89**(3-4):235-245.

Landberg L. 1999. Short-term Prediction of the power production from wind farms[J]. *Journal of Wind Engineering and Industrial Aerodynamics*, **80**(1-2):207-220.

Lewis A M. 1992. Measuring the hydraulic diameter of a pore or conduit[J]. *American Journal of Botany*, **79**(10):1158-1161.

Li Meishen, Li Xianguo. 2005. Investigation of wind characteristics and assessment of windenergy potential for Waterloo region, Canada[J]. *energy Conversion and Management*, **46**(18-19):3014-3033.

Naif M. 2005. Al-Abbadi. Wind energy resource assessment for five locations in Saudi Arabia[J]. *Renewable*

Energy，2005，**10**(30).

Niels G Mortensen，et al. 2007. Getting Started with WAsP 9.

Pep Moreno，Arne R Gravdahl，Manel Romero. Wind Flow over Complex Terrain：Application of Linear and CFD Models［EB］. http://web. windsim. com/documentation/papers_presentations/0306_ewec/ecotecnia. doc.

Peter Coppin, Jack Katzfey. 2003. The Feasibility of Wind Power Production Forecastingin the Australian Context. CSIRO Atmospheric Research. Report to：National lectricity Market Management Company Limited，12.

Pietro Catalano, Marcello Amato. 2003. An evaluation of RANS turbulence modelling for aerodynamic applications［J］. *Aerospace Science and Technology*，**7**(7)：493-509.

Seyit A Akdağa, Ali Dinler. 2009. A new method to estimate Weibull parameters for windenergy applications ［J］. *Energy Conversion and Management*，**50**(7)：1761-1766.

Shaw W J, Trowbridge J H. 2000. The Direct Estimation of Near-Bottom Turbulent Fluxes in the Presence of Energetic Wave Motions［J］. *Journal of Atmospheric and oceanic technology*，**18**，1540-1556.

Tony Burton，等著，武鑫，等译. 2007. 风能技术［M］. 北京：科学出版社.

Troen Ib，Erik L P. 1989. European Wind Atlas［M］. Risoe National Laboratory.

Trowbridge J H，Geyer W R，Bowen M M，al et. 1999. Near-Bottom Turbulence Measurements in a Partially Mixed Estuary：Turbulent Energy Balance，Velocity Structure，and Along-Channel Momentum Balance ［J］. *Journal of Physical Oceanography*，**29**(12)：3056-3072.

Undheim O，Andersson H I，Berge E. 2006. Non-Linear，Microscale Modelling of the Flow Over Askervein Hill［J］. *Boundary-Layer Meteorology*，**120**(3)：477-495.

Wieringa J，Davenport A G，Grimmond C S B，et al. 2001. New Revision of Davenport Roughness Classification. Proceedings of the 3rd European & African Conference on Wind Engineering，Eindhoven，Netherlands.

Wu Fenglin, Fang Chuanglin. 2010. Discussion on the Regional Division of the Development Stage of China's Wind Power［J］. *Resources and Environment*，**8**(4)：37-40.

陈二永. 1992. 云南的风能资源及其利用研究［J］. 云南师范大学学报，**12**(1)：65-70.

范高锋，裴哲以，辛耀中. 2011. 风电功率预测的发展现状与展望［J］. 中国电力，**44**(6)：38-41.

范高锋，王伟胜，刘纯. 2008. 基于人工神经网络的风电功率短期预测系统［J］. 电网技术，**32**(22)：72-76.

冯长青，杜燕军，包紫光，等. 2010. 风能资源评估软件 WAsP 和 WT 的适用性［J］. 中国电力，**43**(1)：61-65.

冯芝祥，朱同生，曹书涛，等. 2010. 数值天气预报在风电场发电量预报中的应用［J］. 风能，(4)：56-59.

谷兴凯，范高锋，王晓蓉，等. 2007. 风电功率预测技术综述［J］. 电网技术，**31**(增刊 2)：335-338.

顾本文，王明，施晓晖. 2001. 云南风能资源的特点［J］. 太阳能学报，**12**(1)：45-49.

国家能源局关于印发"十二五"第三批风电项目核准计划的通知. http://zfxxgk. nea. gov. cn.

韩爽. 2008. 风电场功率短期预测方法研究［D］. 北京：华北电力大学，2-10.

贺志明，吴琼，陈建萍. 2010. 沙岭风场风速预报试验分析［J］. 资源科学，**32**(4)：656-662.

胡毅等. 1994. 应用气象学［M］. 北京：气象出版社.

江滢，罗勇，赵宗慈. 2009. 中国及世界风资源变化研究进展［J］. 科技导报，**13**，98-106.

赖永伦，巫卿. 2009. WAsP 软件在贵州四格风电场风资源评估中的应用分析［J］. 红水河，**28**(4)：106-109.

李建林. 2010. 风电规模化发展，离不开风电功率预测［J］. 变频器世界，(4)：49-50.

李俊峰等. 2005. 风力 12 在中国［M］. 北京：化学工业出版社.

李磊，张立杰，张宁，等. 2010. FLUENT 在复杂地形风场精细模拟中的应用研究［J］. 高原气象，**29**(3)：621-328.

李泽椿,朱蓉,何晓凤,等.2007.风能资源评估技术方法研究[J].气象学报,**65**(5):708-717.
林海涛.2009.考虑气象因素的风电场风速及风电功率短期预测研究[D].上海:上海交通大学,1-79.
刘永前,韩爽,胡永生.2007.风电场出力短期预报研究综述[J].现代电力,**24**(90):6-11.
柳艳香,陶树旺,张秀芝.2008.风能预报方法研究进展[J].气候变化研究进展,**4**(4):209-214.
毛慧琴,宋丽莉,黄浩辉,等.2005.广东省风能资源区划研究[J].自然资源学报,**20**(5):679-684.
宁洪涛.2008.基于WAsP模式的风能资源评估数值方法研究[D].广州:中山大学.
牛山泉著.刘薇,李岩译.2009.风能技术[M].北京:科学出版社.
秦剑.琚建华.解明恩.1997.低纬高原天气气候[M].北京:气象出版社.
苏赞,王维庆,王健波等.2012.风电功率预测准确性分析[J].电气技术,(3):1-5.
孙川永.2009.风电场风电功率短期预报技术研究[D].兰州:兰州大学,2-9.
屠强.2009.风电功率预测技术的应用现状及运行建议[J].电网与清洁能源,**25**(10):4-9.
王建东,汪宁渤,何世恩,等.2010.国际风电预测预报机制初探及对中国的启示[J].电力建设,**31**(9):10-13.
王宇.2006.云南山地气候[M].昆明:云南科技出版社.
熊莉芳,林源,李世武.2007.k-ε湍流模型及其在FLUENT软件中的应用[J].工业加热,**36**(4):13-15.
薛桁,朱瑞兆,杨振斌,等.2001.中国风能资源储量估算[J].太阳能学报,**22**(2):167-170.
杨鹏武.2012.云南复杂山地风能资源分析及模拟[D].昆明:云南大学.
杨晓鹏,杨鹏武.2012.基于数值模拟的云南省风能资源分布研究[J].云南大学学报(自然科学版),**34**(6):684-688.
杨振斌,薛桁,袁春芝,等.2001.用于风电场选址的风能资源评估软件[J].气象科技,**29**(3):54-57.
杨振斌,薛桁,桑建国.2004.复杂地形风能资源评估研究初探[J].太阳能学报,**25**(6):744-749.
张德,朱蓉,罗勇,等.2008.风能模拟系统WEST在中国风能数值模拟中的应用[J].高原气象,**27**(1):202-207.
赵晓丽.2009.基于小波ARIMA模型的风电场风速短期预测方法研究[D].北京:华北电力大学,1-36.
中国可再生能源学会风能专业委员会.2013.2012年中国风电装机容量统计[R].http://www.cwea.org.cn/.
中国气象局.2006.中国风能资源评价报告[M].北京:气象出版社.
中国气象局.2007.QX/T 49—2007 地面气象观测规范 第5部分:气压观测[S].北京:气象出版社.
中国气象局.2007.QX/T 50—2007 地面气象观测规范 第6部分:空气温度和湿度观测[S].北京:气象出版社.
中国气象局.2007.QX/T 51—2007 地面气象观测规范 第7部分:风向和风速观测[S].北京:气象出版社.
中国气象局.2007.QX/T 62—2007 地面气象观测规范 第18部分:月地面气象记录处理和报表编制[S].北京:气象出版社.
中国气象局.2007.QX/T 64—2007 地面气象观测规范 第20部分:年地面气象资料处理和报表编制[S].北京:气象出版社.
中国气象局.2007.QX/T 73—2007 风电场风测量仪器检测规范[S].北京:气象出版社.
中国气象局.2007.QX/T 74—2007 风电场气象观测及资料审核、订正技术规范[S].北京:气象出版社.
中国气象局风能太阳能资源中心.2012.风电功率预报系统基础知识及应用技术手册[Z].中国气象局第一届风电功率预报培训班教材,(3):1-58.
中华人民共和国国家质量监督检验检疫总局.2002.GB/T 18709—2002 风电场风能资源测量方法[S].北京:中国标准出版社.
中华人民共和国国家质量监督检验检疫总局.2002.GB/T 18710—2002 风电场风能资源评估方法[S].北京:中国标准出版社.
周海,匡礼勇,程序,等.2010.测风塔在风能资源开发利用中的应用研究[J].水电自动化与大坝监测,**34**(5):

5-8.
朱红钧,林元华,谢龙汉.2011.Fluent12 流体分析及工程仿真[M].北京:清华大学出版社.
朱瑞兆,谭冠日,王石立.2005.应用气候学概论[M].北京:气象出版社.
朱瑞兆,薛桁.1987.我国风能资源[J].太阳能学报,**2**(2):117-124.
左然,施明恒,王希麟.2007.可再生能源概论[M].北京:机械工业出版社.